高等职业教育新形态精品教材

住宅空间设计

主　编　谢　晶　朱　芸
副主编　钱飞丞
参　编　单　江　杨宇凌

北京理工大学出版社
BEIJING INSTITUTE OF TECHNOLOGY PRESS

内容提要

本书选取真实案例，搜寻当今住宅设计的新户型、新风格、新材料、新设施，以及新的细部处理与陈设方式，锻炼学生进行住宅空间设计的职业技能。全书共包括五个项目，分别为住宅空间设计概述、住宅空间分区功能设计、住宅空间设计要素、住宅空间设计的实施、住宅空间设计与改造案例。

本书可以作为建筑装饰、室内设计等专业的教材，也可以供广大装饰设计爱好者参考使用。

版权专有　侵权必究

图书在版编目（CIP）数据

住宅空间设计 / 谢晶，朱芸主编 .—北京：北京理工大学出版社，2019.9（2022.1 重印）
ISBN 978-7-5682-7545-3

Ⅰ.①住…　Ⅱ.①谢…②朱…　Ⅲ.①住宅－室内装饰设计　Ⅳ.①TU241

中国版本图书馆 CIP 数据核字（2019）第 201488 号

出版发行 /	北京理工大学出版社有限责任公司
社　　址 /	北京市海淀区中关村南大街 5 号
邮　　编 /	100081
电　　话 /	（010）68914775（总编室）
	（010）82562903（教材售后服务热线）
	（010）68944723（其他图书服务热线）
网　　址 /	http：//www.bitpress.com.cn
经　　销 /	全国各地新华书店
印　　刷 /	河北鑫彩博图印刷有限公司
开　　本 /	889 毫米 ×1194 毫米　1/16
印　　张 /	9
字　　数 /	251 千字
版　　次 /	2019 年 9 月第 1 版　2022 年 1 月第 3 次印刷
定　　价 /	55.00 元

责任编辑 / 钟　博
文案编辑 / 钟　博
责任校对 / 周瑞红
责任印制 / 边心超

图书出现印装质量问题，请拨打售后服务热线，本社负责调换

前言 PREFACE

随着生活水平的提高，人们越来越注意自己的活动空间，尤其是居住环境空间。住宅空间设计在很大程度上决定着住宅空间的舒适度，在住宅空间设计中必须了解住宅的构建类型，掌握住宅空间设计的基本方法，熟练运用理论知识，掌握真实工作中住宅空间设计的相关工作流程，才能完成住宅空间方案设计。

住宅空间设计属于室内设计的范畴。所谓室内设计，就是为了满足人们的生产、生活需求而有意识地营造理想化、舒适化的内部空间，其包括三方面内容：营造室内环境空间、组织合理的室内使用功能、构架舒畅的室内空间环境。

住宅空间设计是环境艺术设计的重心所在，所以，住宅空间设计是艺术设计专业学生必修的核心专业课程，它承载着改革传统教学模式、树立现代教学新理念的责任和使命。随着时代的发展和社会的进步，现有的课程已经无法适应市场需求，基于此，编者就住宅空间设计进行了研究及分析，对住宅空间设计课程的教学规律、课程建设、课程标准、课程定位、课程体系等进行了深入的探索，同时总结出了基础课程与专业设计课程有效对接的规律，即"始终围绕职业岗位需求进行，围绕专业人才培养进行"。编者以此规律为基础，结合行业及企业对学生的能力需求，编写了本书。

本书作为编者多年教学实践经验的结晶，与同类教材相比，主要有如下特色：一是全书自成体系，各章节衔接有序。全书构建了一套符合学生认知规律的课程教学体系。二是任务驱动，案例引导。本书以"项目＋任务"的形式编写，以任务驱动为主线，环环相扣，有序推进，并采用"图片＋文字说明"的直观方式展现设计的功能，将专业设计实例引入书中，并通过设计实例引导学生构建自身的设计体系，理解设计的意义、理念，掌握设计的技巧并能在住宅空间设计实践中灵活运用。三是资源配套，教学互动。本书配备了拓展资源，与书中教学内容构成了一个立体化学习系统。这种线上与线下教与学的充分互动，彻底颠覆了传统教学观念与教学模式。四是校企合作，深入实践。本书所引用的设计实例多为校企合作项目，具备较强的可借鉴性。

本书所引用的部分实例由美汁源装饰工程有限公司、湖南鸿扬装饰工程有限公司等校企合作单位提供，在此表示衷心的感谢。

由于编者水平有限，书中难免有不当之处，恳请各位专家和读者指正。

编　者

目录 CONTENTS

项目一　住宅空间设计概述 ……………………………… 001
　　任务一　住宅空间的发展与演变 ……………………… 001
　　任务二　住宅空间的划分 ……………………………… 006
　　任务三　住宅空间设计的风格与流派 ………………… 012

项目二　住宅空间分区功能设计 ………………………… 023
　　任务一　公共活动区域住宅空间设计 ………………… 023
　　任务二　私密性活动区域住宅空间设计 ……………… 030
　　任务三　家务活动区域住宅空间设计 ………………… 043
　　任务四　附属活动区域住宅空间设计 ………………… 047

项目三　住宅空间设计要素 ……………………………… 051
　　任务一　室内空间 ……………………………………… 051
　　任务二　室内界面 ……………………………………… 057
　　任务三　室内陈设与绿化 ……………………………… 061
　　任务四　室内色彩 ……………………………………… 067
　　任务五　室内照明 ……………………………………… 073

项目四　住宅空间设计的实施·················080

- 任务一　住宅空间设计的原则·················080
- 任务二　住宅空间设计的程序·················081
- 任务三　住宅空间设计的施工与竣工验收·················101

项目五　住宅空间设计与改造案例·················105

- 任务一　普通户型设计及案例分析·················105
- 任务二　小户型、超小户型设计及案例分析·················115
- 任务三　旧房改造设计及案例分析·················127

参考文献·················138

UNIT ONE

项目一　住宅空间设计概述

项目目标

学习任务	知识目标	技能目标
任务一 住宅空间的发展与演变	1. 了解中外各时期住宅空间的主要特点 2. 了解智能化住宅、生态住宅等类型住宅的特点	1. 能简要介绍中外住宅空间设计的发展演变 2. 能简要阐述现代住宅空间设计的发展趋势
任务二 住宅空间的划分	1. 了解建筑结构类型 2. 了解住宅空间的划分	1. 能简要介绍建筑结构类型 2. 能简要介绍住宅空间的划分
任务三 住宅空间设计的风格与流派	了解各类住宅空间设计风格的特点	了解住宅空间设计的具体风格与流派，并能够正确区分

任务一　住宅空间的发展与演变

任务导读

人类的进化是一个漫长而艰辛的过程。在史前阶段，人类祖先像动物一样，依靠在地上打洞、在树上筑巢的方式建造居所，以此遮风挡雨、进食休息和躲避虫兽。经过一系列发展与演变，人类的居所最终由地下、树上转移到地面，铸就了伟大而卓绝的住宅发展史。

一、中国住宅的发展与演变

1. 原始社会时期：依穴而处，构木为巢

原始社会时期，我国的居住文化主要源于两种居住形式：一种是长江流域的巢居形式，另一种是黄河流域的穴居形式。

巢居从形成到发展经历了单树建巢、多树建巢、干阑式建筑三个阶段。在单树建巢阶段，先民们像鸟一样选择适宜的树木，利用其结实的树干与枝丫，在上面搭建可供休息和躲避危险的居所，四周及顶盖用树枝或藤条编织围拢，起到遮风挡雨的作用。此后，由于人口不断增长，单树的巢居住所已无法满足先民们的生活需求。经过一段时期的观察与摸索，先民们在长江流域树木茂密的地带，利用小范围联系紧密整齐的树木，采用捆绑、结扎等手段，使用更加结实的枝干、藤条把相邻的几棵树搭建成一个更大的巢式居所，由此，巢居的发展正式进入了多树建巢阶段。以多棵树干为基础的居所样式，为先民们的居所从树上转移到地面奠定了基础，推动巢居的发展进入了干阑式建筑阶段。目前可知最早的是浙江余姚河姆渡村发现的干阑式建筑，其建成于距今7 000年前的新石器时代（图1-1）。

穴居形成于我国的黄河流域。发现较早的先民们曾经栖身的洞穴，是距今约50万年的北京周口店"猿人"龙骨山岩洞，洞口避风向阳，洞内比较干燥，适宜居住生活（图1-2）。由于人口的增多以及氏族部落的形成，先民们产生了改变居住环境的需求，穴居的形式逐渐发生了转变。从穴居到地面房屋的出现，大致经历了横穴、半横穴、竖穴、半地穴、地面房屋这样一个漫长而曲折的发展过程。

图1-1　河姆渡干阑式建筑

图1-2　周口店北京人遗址

2. 封建社会时期：以家而成的传统民居

这一时期的民居形式，其平面的构建虽仍以简朴、构造方便的方形或长方形为主，但木构架、夯土筑墙、坡顶，以及利用视觉中心控制立面等建造手法都已逐渐成形；门、堂、庭院、正房、后院、回廊等建筑单位也日趋完善。建筑的基本模式仍是以北方民居与南方民居为主，注重私密性，追求安宁静谧的氛围，通常由封闭的院落组合构成，空间过渡包含街、巷、宅三个层次，环境尺度亲近，具有公共空间与私密空间之间的复合性，给人以舒适、轻松和亲切之感。其中以北京的四合院最具代表性（图1-3）。

图1-3　北京的四合院

3. 近代：融合西方建筑文化的现代人居

19世纪后期，代表着现代理念的西方建筑文化在中国扎根生长，中国人居的"西化风潮"逐步开始。该时期的住宅户型分为：独户型住宅、联户型住宅和多户型住宅。

从20世纪20年代起，独户型成为独院式高级住宅，随着建造数量的增多，在上海、南京等城市出现了成片的花园式住宅区。这些住宅基本上是当时西方流行的高级住宅的翻版，设备考究，装饰豪华，外观大多为法、英、德等国的府邸形式。联户型和多户型包括里弄住宅、居住大院和高层公寓，住宅布局紧凑，用地节约，空间利用充分，是密集居住方式（图1-4、图1-5）。

图1-4 独户型住宅

图1-5 联户型住宅

二、外国住宅的发展与演变

古埃及是人类四大文明的发祥地之一，从古埃及贵族宅邸遗址中的古埃及庄园壁画中可以发现，王公贵族的宅邸中都建有游乐性的水池，四周有各种树木花草，其中掩映着游憩凉亭（图1-6）。

古埃及卡纳克的阿蒙神庙，庙前雕塑及庙内石柱的装饰纹样极为精美，神庙大厅内硕大的石柱群和极为压抑的厅内空间，完全符合古埃及神庙所需的森严神秘的室内氛围（图1-7）。它们体现了古埃及时期的建筑空间特性。

图1-6 古埃及庄园壁画

图1-7 古埃及卡纳克的阿蒙神庙内的石柱群

古希腊和古罗马在建筑艺术和室内装饰方面均具有很高的水平。古希腊雅典卫城帕提农神庙的柱廊，起到了室内外空间过渡的作用。其精心推敲的尺度、比例和石材性能的合理运用，形成梁、柱、枋的构成体系和具有个性的各类柱式。在古罗马庞贝城遗址（图1-8）中，从贵族宅邸室内墙面的壁饰，铺地的大理石地面，以及家具、灯饰等加工制作的精细程度来看，当时的室内装饰已相当成熟。罗马万神庙室内空旷的、具有公众聚会特征的空间，是当今公共建筑内中庭空间最早的原型。

欧洲中世纪至文艺复兴时期，哥特式、古典式、巴洛克和洛可可等风格的各类建筑及其室内设计日臻完美，艺术风格更趋成熟，优美的装饰风格和手法至今仍是人们创作的源泉（图1-9）。

图1-8　古罗马庞贝城遗址

图1-9　文艺复兴时期的建筑

20世纪前期，西欧工业高速发展，区域经济对建筑变革产生巨大影响，经济发展促使人们的生活发生巨大变化，人们对房子的功能性、实用性的要求也随之发生重大变化。原有的传统建筑已经无法满足人们的现实需要，于是各种建筑流派应运而生。并且，在这一时期，钢铁、玻璃、水泥取代原来的石头、金属等材料，成为工业化社会的象征。

三、现代住宅空间设计的发展趋势

住宅空间设计，又称建筑内部空间环境设计，即根据建筑物的使用性质、所处环境和相关标准，运用物质技术手段和建筑设计原理，创造功能合理、舒适美观，满足人们物质和精神生活需求的室内环境。住宅空间设计又是改善人类生存环境的一种活动。在科技不断进步、观念不断更新的信息化时代，住宅空间设计呈现出以下发展趋势。

1. 智能化趋势

随着信息化时代的到来，智能化已成为别墅豪宅等高端住宅不可或缺的基本元素。智能化住宅是指配备智能化系统的居住区，其达到了建筑结构与智能化的有机结合，并能通过高效的管理与服务，为住户提供安全、舒适、便利、高效的居住环境（图1-10）。

2. 生态化趋势

生态化住宅是指遵循生态平衡及可持续发展的原则，并运用生态学原理构建的居住区。其旨在按照综合系统效率最优原则，设计、组织建筑内外空间中的各种物质因素，使物质、能源在建筑系统内有秩序地循环转换，获得一种高效、低耗、无污染、生态平衡的建筑环境。生态住宅不仅把居住环境涉及的领域从住宅区的自然环境拓展到人文环境、经济环境和社会环境，还将节约能源和保护环境结合起来，一方面节约不可再生能源和利用可再生洁净能源，另一方面节约资源（如水），减少废弃物污染（如空气污染、水污染）以及材料的可降解和循环使用等（图1-11）。

3. 多样化趋势

现今，技术革新及运用不再因国界的阻隔而受到限制，因而，高新技术带来了住宅空间设计的变革和新潮流的传播，并迅速使各国风格相交融，使住宅空间的内容不再停留在固定地理范围内。信息化时代正在加速时空的演化进程，对于一个国家或地域，特别是像中国这样的发展中国家来说，大量外来文化行为、文化观念的涌入，使住宅空间设计领域呈现出多样化的趋势（图1-12）。

图1-10　智能化住宅

图1-11　生态化住宅

图1-12　多样化住宅

任务拓展

试收集生态化住宅实例资料，并简述其设计特点。

任务二　住宅空间的划分

> **任务导读**
>
> 从拙朴的平房到上演着锅碗瓢盆交响曲的筒子楼，再到拔地而起的高楼，房屋的变迁带动着房型的变迁，房型从低矮的平房到筒子楼，再到单元房，最后到公寓、洋房、别墅等，多种房型"百花齐放"。而修房砌筑的方式，也从远古时代依靠山洞树穴搭建的模式，逐渐演变成今天运用钢筋水泥等多种现代化材料构筑的方式。
>
> 在住宅空间设计中必须先了解住宅的建筑结构，才能熟练地运用理论知识，掌握住宅空间设计的基本方法，以及真实工作中住宅空间设计的相关工作流程，完成住宅空间设计方案。

一、建筑结构类型

住宅空间设计是依托住宅建筑主体而产生的新兴学科，住宅的建筑结构类型决定了住宅空间设计的雏形。住宅的建筑结构类型包括砖混结构、框架结构、剪力墙结构、框架－剪力墙结构、筒体结构、钢结构等。

1. 砖混结构

砖混结构是指建筑物中竖向承重结构的墙、柱等，采用砖或者砌块砌筑；横向承重的梁、楼板、屋面板等采用钢筋混凝土结构。也就是说，砖混结构是以小部分钢筋混凝土及大部分砖墙承重的结构。

特点：适合开间进深较小、房间面积小、多层（4～7层）或低层（1～3层）的建筑，承重墙体不能改动。

2. 框架结构

框架结构是指由梁和柱以钢接或者铰接构成承重体系的结构，即由梁和柱组成框架共同抵抗使用过程中出现的水平荷载和竖向荷载。采用框架结构的房屋墙体不承重，仅起到围护和分隔作用，一般用预制的加气混凝土、膨胀珍珠岩、空心砖或多孔砖、浮石、蛭石、陶粒等轻质板材砌筑或装配而成。

特点：可以建造较大的室内空间，房间分隔灵活，便于使用；工艺布置灵活性大，便于设备布置；抗震性能优越，具有较好的结构延性；不宜用于超过10层的建筑。

3. 剪力墙结构

用钢筋混凝土墙板承受竖向和水平荷载的结构称为剪力墙结构。剪力墙结构用钢筋混凝土墙板代替框架结构中的梁、柱，能承受各类荷载引起的内力，并能有效控制结构的水平力。

特点：剪力墙的主要作用是承受竖向荷载（重力）、抵抗水平荷载（风、地震等）；剪力墙结构中墙与楼板组成受力体系，其缺点是剪力墙不能拆除或破坏，不利于形成大空间，住户无法对室内布局自行改造。

4. 框架－剪力墙结构

框架－剪力墙结构也称框剪结构，这种结构是在框架结构中布置一定数量的剪力墙，构成灵活自由的使用空间，满足不同建筑功能的要求，其因有足够的剪力墙，所以有相当大的刚度。

特点：框架－结构剪力墙结构是由框架结构和剪力墙结构两种不同的抗侧力结构组成的新的受

力结构,所以它的框架不同于纯框架结构,剪力墙在框架－剪力墙结构中也不同于剪力墙结构中的剪力墙。

5. 筒体结构

筒体结构由框架－剪力墙结构与全剪力墙结构综合演变和发展而来。筒体结构是将剪力墙或密柱框架集中到房屋的内部和外围而形成的空间封闭式的结构。

特点：主要抗侧力,四周的剪力墙围成竖向薄壁筒和柱框架组成竖向箱形截面的框筒,形成整体,并由于剪力墙集中而获得较大的自由分割空间,多用于写字楼建筑。

6. 钢结构

钢结构是以钢材制作为主的结构,是主要的建筑结构类型之一。钢结构是现代建筑工程中较普通的结构形式之一。

特点：强度高、自重轻、刚度大,故适合建造大跨度和超高、超重型的建筑物；材料的匀质性和各向同性好,属理想弹性体,最符合一般工程力学的基本假定；材料的塑性、韧性好,可进行较大变形,能很好地承受动力荷载；建筑工期短；工业化程度高,可进行机械化程度高的专业化生产；加工精度高、效率高、密闭性好。

二、住宅的类型

1. 按楼体建筑形式分类

主要分为低层住宅、多层住宅、中高层住宅、高层住宅以及其他形式住宅等。

2. 按楼体结构形式分类

主要分为砖木结构、砖混结构、钢混框架结构、钢混剪刀墙结构、钢混框架－剪力墙结构、钢结构等。

3. 按住宅户型分类

主要分为普通单元式住宅、公寓式住宅、花园洋房式住宅、跃层式住宅、复式住宅、小户型住宅（超小户型）等。

4. 按住宅政策属性分类

主要分为廉租房、经济适用房、限价房、公租房、商品房等。

三、住宅空间的类型

目前在住宅空间设计中对住宅空间有明确的划分,划分方法有：按墙体划分、按隔断划分、按高差划分、按家具划分、按陈设划分、按绿化划分、按装饰构件划分、按色彩划分、按光照划分、按材质划分。

1. 按墙体划分

按墙体划分属于封闭式分隔,其目的是对声音、视线、温度等进行隔离,形成独立的空间,这样相邻空间之间互不干扰,私密度和独立性非常高,但是流动性较差,也降低了与周围环境的交融性（图1-13）。它适用于书房、卧室等独立性和私密性要求高的空间。

图1-13　封闭式分隔

墙体隔断是最常见、最普通的隔断方式，用于房型不理想情况下的重新整理和使用区域的明确划分。它的优点是空间划分明确，与原有空间能够形成很强的一体性，并有效隔离声音和光线，保证私密性。它的缺点是过于笨重和死板，缺少灵活性与艺术性。

2. 按隔断划分

隔断是用于分隔空间的垂直构件，它不仅可以起到限定和划分建筑空间的作用，而且具有一定的审美价值。隔断的形式和种类很多，根据其高度、材料以及与空间的不同关系，在室内空间中所产生的分隔度是不同的。因此，在分隔室内空间时，室内设计师应认真考虑隔断分隔度的问题，在满足空间使用功能的要求和空间特点的同时，提高隔断在室内空间中的审美价值。隔断材料的通透性越强，所形成的分隔度就越弱；隔断材料的通透性越弱，所形成的分隔度就越强。以玻璃为例，用透明度很高的清玻璃做成的隔断可使子空间之间的通透性加强，其分隔度弱，开敞感强。而以磨砂玻璃、夹丝玻璃、彩绘玻璃、玻璃砖等透明度较低的材质做成的隔断，子空间之间的开敞感与通透性明显减弱，因此，分隔度较强。在所有材料中，清玻璃的通透性最高，分隔度最弱；其次是毛玻璃、云石、羊皮纸、和纸。通透性最弱的是普通纺织品、木材和石材，其分隔度最强。隔断材料的表面反射率越大，所形成的分隔度就越弱；隔断材料的表面反射率越小，所形成的分隔度就越强（图 1-14）。以玻璃为例，清玻璃的表面反射率比黑色背漆玻璃的表面反射率大，以清玻璃做成的隔断，其分隔度就比以黑色背漆玻璃做成的隔断弱，但其开敞感较强。在所有材料中，玻璃镜面材料的表面反射率最大，分隔度最弱；其次是不锈钢、普通纺织品、木材、抛光石材、亚光石材；表面反射率最小的是毛面石材，其分隔度最强。同时在隔断总面积中，表面反射率大的材料面积所占的比值越大，其通透性越强，分隔度越弱（图 1-15～图 1-17）。

图 1-14 隔断分区

图 1-15 屏风分区

图 1-16 光线分区

图 1-17 软分区

3. 按高差划分

高差包括部分抬高或降低地面。通过对地面的高差处理，可实现空间转换，使人产生错落有致的主体感。通过对顶面的高差处理，可增强空间的层次感，也可丰富灯光的艺术效果（图 1-18、图 1-19）。很多家庭的卧室需要划分出学习空间，较好的方法是使用地台分割，用地台的造型划分出学习区域，并且结合灯光的运用明确其功能性。休息空间宜用较柔和的光线，给人以朦胧感。学习空间的灯光应选用区域照明，光线不宜过亮，以免影响家人休息。

图 1-18　高差分区（一）

图 1-19　高差分区（二）

4. 按家具划分

家具以水平面的分隔为主。其属于局部分隔。采用局部分隔，是为了减少视线上的相互干扰，对于声音、温度等没有分隔。局部分隔的方法是利用高于视线的屏风、家具或隔断等。这种分隔的强弱因分隔体的大小、形状、材质等的不同而异。局部分隔的形式有四种，即"一"字形垂直划分、"L"形垂直划分、"U"形垂直划分、平行垂直面划分等。局部分隔多用于大空间内划分小空间的情况（图 1-20）。

图 1-20　家具分区

5. 按陈设划分

按陈设划分可使空间具有较强的向心感。这既容易形成视觉中心，也容易产生领域的感觉。可以根据使用要求而随时启闭，或分或合，或大或小。这种分隔方式称为弹性分隔，这样分隔的空间称为弹性空间或灵活空间（图 1-21、图 1-22）。

6. 按绿化划分

按绿化划分属于象征性划分。其空间的分隔性不明确，视线上没有有形物的阻隔，但透过象征性的分隔，在心理层面上仍是分隔的两个空间（图 1-23）。

7. 按装饰构件划分

建筑小品、软装饰设计为室外和室内设计提供了再次设计的空间分隔新手法。用装饰艺术设计的手法装饰不同空间，可营造不同的空间艺术气氛。装饰陈设品贯穿当中，使空间划分既实又虚，相互过渡交融，既保持了大空间的特性，也能起到分隔空间的作用，符合当下"轻装修、重装饰、低成本、高环保"的原则（图 1-24、图 1-25）。

8. 按色彩划分

光和色不能分离，这一点不言而喻。色彩设计作为住宅空间设计的一种手段，当它与室内空间、采光、室内陈设等融为一个有机整体时，才可算是有效的。因此，室内空间的整体性不但不排斥色彩，反而需要色彩系统的整体性。可以这样认为，色彩既然与室内环境的其他因素互相依附，那么对色彩的处理就要依据建筑的性格、空间的功能、停留时间长短等因素，进行协调或对比，使之趋于统一（图 1-26～图 1-28）。

图 1-21　陈设分区

图 1-22　弹性分区

图 1-23　绿化分区

图 1-24　装饰构件分区（一）

图 1-25　装饰构件分区（二）

图 1-26　色彩分区（一）　　　图 1-27　色彩分区（二）　　　图 1-28　色彩分区（三）

9. 按光照划分

就人的视线来说，没有光就没有一切。空间通过光得以体现，没有光则没有空间。在室内空间环境中，光不仅满足人们视觉功能的需要，还是一个重要的美学因素。光可以形成空间、改变空间或破坏空间，它直接影响人们对物体、空间的大小、形状、质地和色彩的感知。光环境是指由光与室内空间建立的与空间形状有关的生理和心理环境，是现代建筑和室内设计中重要的有机组成部分。它既是科学，又是艺术（图 1-29、图 1-30）。

良好的采光设计也并非意味着在室内空间安置大片的玻璃窗，而应采用恰当的方式，即恰当的数量与质量。影响采光设计的因素很多，包括照度、气候、景观、室外环境等。另外，不仅要考虑直射光，还要考虑漫射光和地面的反射光。采光控制也需考虑，它的主要作用是降低室内过分的照度，影响室内空间的功能和层次。

10. 按材质划分

材质的选用是住宅空间设计中直接关系到使用效果和经济效益的重要环节。对材质的选择不仅要考虑空间的视觉效果，还应注意人们通过触摸而产生的感受和美感。随着工业文明的迅速发展，人们对室内空间材质的要求逐渐移向大自然，"回归大自然"和"注重环保"成为住宅空间设计的重要发展趋势（图 1-31）。

空间是固定的，而光线、色彩与材质的灵活运用可以体现出空间软隔断的妙处。总之，现代住宅空间设计中的光线、色彩、材质最终会融为一体，赋予人们综合的心理感受。

图 1-29　光照分区（一）　　　　图 1-30　光照分区（二）

图 1-31　材质分区

任务拓展

1. 试对当今国内外流行的住宅空间的类型、功能特点进行分析阐述。
2. 收集住宅空间的相关资料，阐述对住宅空间的认识。

任务三　住宅空间设计的风格与流派

任务导读

住宅空间设计的风格和流派，属于室内环境中的艺术造型和精神功能范畴。住宅空间设计的风格和流派往往与建筑以及家具的风格和流派紧密结合，有时也以相应时期的绘画、造型艺术，甚至文学、音乐等的风格和流派为其渊源并相互影响。

一种风格的形成通常与当地的人文因素和自然条件密切相关，并需有创作中的构思和造型的特点。

风格形成的外因与社会体制、生活方式、文化潮流、民族特性、风俗习惯、宗教信仰等因素有关。

风格形成的内因与个人或群体的创作构思（包括创作者的专业素质、艺术素养）有关。

风格虽然表现于形式，但风格具有艺术、文化、社会发展等深刻的内涵。从这一深层含义来说，风格又不停留或等同于形式。

一、住宅空间设计的风格

住宅空间设计的风格主要可分为传统风格、现代风格、后现代风格、自然风格以及混合型风格等。

1. 传统风格

传统风格的住宅空间设计是指在室内布置、线形、色调以及家具、陈设的造型等方面，吸取传统装饰"形""神"的特征。

中国的传统风格有木构架建筑室内的藻井天棚、雀替的构成和装饰；西方传统风格有仿罗马风、哥特式、文艺复兴式、巴洛克、洛可可、古典主义等。

传统的中式风格讲究四平八稳，具有古典气韵，例如大红喜庆的床罩枕套、中式味道十足的荷花灯、镂空的床头架。传统中式风格经过上千年的锤炼，其精华流传至今（图1-32）。

图1-32　传统风格的住宅空间设计

图 1-32　传统风格的住宅空间设计（续）

2. 现代风格

1919 年成立的包豪斯学派，因受其所处的历史背景的影响，强调突破旧传统，创造新建筑，重视功能和空间组织，注重发挥结构本身的形式美，造型简洁，反对多余装饰，崇尚合理的构成工艺，尊重材料的性能，讲究材料自身的质地，重视实际的工艺制作，强调设计与工业生产的联系（图 1-33）。

图 1-33　现代风格的住宅空间设计

3. 后现代风格

后现代主义最早出现在《西班牙与西班牙语类诗选》一书中，用来描述现代主义内部发生的逆动，有一种对现代主义纯理性的逆反心理。后现代风格是对现代风格中纯理性主义倾向的批判，后现代风格强调建筑及室内装潢应具有历史的延续性，但又不拘泥于传统的逻辑思维方式，探索创新造型手法，讲究人情味。后现代风格的住宅空间设计常在室内设置夸张、变形的柱式和断裂的拱券，或把古典构件的抽象形式以新的手法组合在一起，即采用非传统的混合、叠加、错位、裂变等手法和象征、隐喻等手段，以期创造一种融感性与理性、集传统与现代、糅大众与行家于一体的即"亦此亦彼"的建筑形象与室内环境。对后现代风格不能仅以所看到的视觉形象来评价，还要透过形象从设计思想来分析（图1-34）。

图1-34　后现代风格的住宅空间设计

4. 自然风格

自然风格倡导回归自然，认为只有崇尚自然，结合自然，才能在当今高科技、高节奏的社会生活中使人们取得生理和心理的平衡，因此，住宅空间内多采用木料、织物、石材等天然材料，以显示材料的纹理以及居住环境的清新淡雅。地中海、美式、田园等风格归入自然风格一类（图1-35）。

图 1-35　自然风格的住宅空间设计

5. 混合型风格

近年来，建筑和住宅空间设计在总体上呈现多元化、兼收并蓄的趋势。室内布置中也有既趋向于现代实用风格又吸取传统风格的特征，在装潢与陈设中融古今、中西于一体（图1-36）。

图 1-36　混合型风格的住宅空间设计

二、住宅空间设计的流派

流派在这里指的是住宅空间设计的艺术派别。现代住宅空间设计从所表现的艺术特点分析，主要有高技派、光亮派、白色派、新洛可可派、风格派、超现实派等。

1. 高技派

高技派（也称重技派）突出当代工业技术成就，并在建筑形体和住宅空间环境中加以彰显，崇尚机械美，在室内以暴露梁板、网架等结构构件以及风管等设备和管道，强调工艺技术与时代感（图 1-37）。

2. 光亮派

光亮派也称银色派，在住宅空间设计中强调新型材料及现代加工工艺的精密细致及光亮效果，在室内大量采用镜面及平曲面玻璃、不锈钢、磨光的花岗石和大理石等作为装饰材料（图 1-38）。

图 1-37　高技派

图 1-38 光亮派

3. 白色派

白色派主张室内朴实无华，各界面以及家具等常以白色为基调，简洁明朗。理查德·迈耶设计的住宅，将人、室内空间、室外景色三者完全融合在一起，使人在室内的活动时也可以看到屋外景色的变化。例如，中国古代建筑中借景的艺术，大片的白色色块不但形成一种留白的艺术，更有一种类似于背景墙的功能，不作过分的渲染却将其他色彩凸显出来（图 1-39）。

4. 新洛可可派

新洛可可派继承了洛克克繁复的装饰特点，但装饰造型的载体和加工技术却运用现代新型装饰材料和现代工艺手段，从而具有华丽而略显浪漫，传统中仍不失时代气息的装饰氛围（图 1-40）。新洛可可派的主要特点有以下三个：

（1）大量采用表面光滑和反光性强的材料；
（2）重视灯光的效果，喜欢用灯槽和反射灯；
（3）常采用地毯和款式新颖的家具，以制造光彩夺目、豪华绚丽、人动景移、交相辉映的气氛。

5. 风格派

风格派强调"纯造型的表现"，对室内装饰和家具经常采用几何形体以及品红、黄、青三原色，间或以黑、灰、白等色彩配合（图 1-41）。

6. 超现实派

超现实派追求超越现实的艺术效果，在室内布置中常采用异常的空间组织、曲面或具有流动线型的界面、浓重的色彩、变幻莫测的光影、造型奇特的家具与设备，常用于进行展示或娱乐的室内空间（图 1-42）。

理查德·迈耶（Richard Meier）
美国建筑师，现代建筑中白色派的重要代表。
他的作品注重立体主义构图和光影的变化，强调面的穿插，讲究纯净的建筑空间和体量。通过对空间、格局以及光线等方面的控制，迈耶创造出全新的现代化模式的建筑。

理查德·迈耶代表作品

·千禧教堂
建筑材料包括混凝土、石灰华和玻璃。三座大型的混凝土翘壳高度从56英尺逐步上升到88英尺，看上去像白色的风帆。玻璃屋顶和天窗让自然光线倾泻而下。

教堂内部，由于天窗的设置，人们可以沐浴在阳光里，再加上看似突兀即将倾倒的高墙（不论由外或由内观看），使得人们就好像在户外做礼拜一样。

史密斯住宅
这座独立式住宅通体洁白，由明显的几何形体构成。在许多方面，强几何形态、坡道、色彩以及上下贯通的客厅等都延续了现代建筑的语言。
住宅形成了清晰的形式逻辑关系：一条长坡道从丛林引向住宅，入口切入住宅实体部分，与住宅内部的水平走廊连接，水平走廊又在每个层面连接了两个成对角布局的楼梯，交通流线就这样将住宅私密与公共两部分有机地结合在一起。

图1-39 白色派

图1-40 新洛可可派

图 1-41 风格派

图 1-42 超现实派

设计案例　传统风格的住宅空间设计案例（古典中式风格）

项目地址：×××××

业　　主：×××××

项目面积：450 ㎡

设计风格：古典中式

居住者钟爱古典中式风格装修，崇尚意蕴幽深的中国古典传统文化，喜欢徜徉在花格、国画的婉约典雅与红木的幽幽木香之中。

设计方案：玄厅、楼梯口、汉白玉古典"拴马柱"尽显华丽，更有青砖相称。过厅中的红木桌凳、墙壁上的对称置画、宽阔的天井，让人入户毫无压抑之感，反而如临山水，心旷神怡（图1-43）。

客厅中宫灯温情，整套红木桌椅色泽鲜艳。背后四面砚屏，一对青陶，典雅古朴。墙体上的壁纸由四幅国画拼接而成，古韵幽幽，尽显鸿儒雅士之风流（图1-44）。

小会客厅中有一整套红木圆桌、小圆凳，为营造休闲惬意之意境，摆放《猛虎下山图》背景屏风一幅，方形天井内布置山水国画，与四壁国画有相互呼应之效果，使整个小会客厅给人以一种群英荟萃的感觉（图1-45）。

餐厅内布置白色宫灯，其为内嵌式画栋风格，具有木质边框，简约而不失典雅。实木桌椅呈方形对称布置，正面的博古架中青瓷白陶交相陈列，墙体上的壁纸仍以国画拼接，营造出愉悦温馨的氛围，所选国画明丽鲜艳，让人耳目一新（图1-46）。

图1-43　古典中式风格设计（一）

图1-44　古典中式风格设计（二）

图1-45　古典中式风格设计（三）

图1-46　古典中式风格设计（四）

有道是"海上生明月,天涯共此时",主卧中精工的炕屏内绘山水写意画,布置蓝色窗幔、素色床铺。实木地板与实木衣柜呼应,在木框吊顶的映衬下,整个屋子充满温馨之感(图1-47)。

客卧的整体风格与主卧呼应,背景墙的圆屏变为方屏,以写意的山水国画落幕。吊顶格外做了具有精致木刻镶边的圆形天井,内绘《夏荷图》,其灵动意蕴一笔到位(图1-48)。

书房的设计以质感为上,褪尽各样雕饰,就像洗尽铅华之后的圣贤厅堂。除了木香、墨香、古香再无红尘俗物萦绕其间。实木明式案椅、两架博古架、笔墨纸砚、旧陶古瓷,尽显深厚底蕴(图1-49)。

楼梯间设转角扶梯,楼梯转角处做镶嵌式博古架,使空间利用充分(图1-50)。

图1-47 古典中式风格设计(五)

图1-48 古典中式风格设计(六)

图1-49 古典中式风格设计(七)

图1-50 古典中式风格设计(八)

任务拓展

1. 住宅空间设计的风格、流派的影响因素有哪些?
2. 谈一谈后现代风格住宅空间设计的特征。
3. 试论白色派住宅空间设计的特征和现实意义。

UNIT TWO

项目二 住宅空间分区功能设计

项目目标

学习任务	知识目标	技能目标
任务一 公共活动区域住宅空间设计	了解玄关、起居室、餐厅的功能及设计要点	具备一定的玄关、起居室、餐厅设计能力
任务二 私密性活动区域住宅空间设计	了解卧室、书房、卫生间的功能及设计要点	具备一定的卧室、书房、卫生间设计能力
任务三 家务活动区域住宅空间设计	了解厨房、储物空间的功能及设计要点	具备一定的厨房、储物空间设计能力
任务四 附属活动区域住宅空间设计	了解楼梯、庭院的功能及设计要点	具备一定的楼梯、庭院设计能力

任务一 公共活动区域住宅空间设计

任务导读

现代家居中,玄关是开门后的第一道风景,室内的一切场景被掩藏在玄关之后,在走出玄关之前,所有短暂的想象都可能成为现实。

中国的起居室往往等同于客厅。也就是说,大部分起居室兼有接待客人和生活日常起居的作用。当然,部分经济富裕的家庭也会有专门的客厅和起居室。起居室(客厅)的空间设计往往最能体现主人的个性和品位,在整个住宅空间设计中占重要的地位。

> 餐厅是用餐的空间，也是家庭聚会和平时宴请少量宾客的场所。随着生活水平的提高，人们越来越讲究生活的质量和家居氛围的营造，这对餐厅的装饰设计提出了更高的要求。

一、玄关设计

玄关在住宅中虽然面积不大，但使用频率高，是客厅与出入口处的过渡性空间，是反映主人文化气质的"第一印象"（图2-1）。在《辞海》中，玄关是指佛教的入道之门。玄关的概念源于中国，过去中式民宅推门而见的影壁（或称照壁），就是现代家居中玄关的前身。中国传统文化重视礼仪，讲究含蓄内敛，有一种"藏"的精神，体现在住宅文化上，影壁就是一个生动写照。影壁不但使客人不能直接看到宅内人的活动，起到由室外到室内的缓冲和过渡，即视觉屏障作用；而且在门前形成了一个过渡性的空间，为来客指引了方向，也给主人一种领域感。演变到后来，玄关泛指厅堂的外门。现在一般认为，玄关指的是房屋进户门入口的一个区域。"玄关"一词源于日本，也有人把它叫作斗室、过厅、门厅。玄关还可以防止冷空气在开门时和平时通过缝隙直接进入室内，起到保温作用。常出现在玄关的布置物件如古董摆设、挂画、相片、鞋柜、衣帽柜、雨具柜、镜子、小坐凳等，具有较强的使用功能（图2-2）。

随着人们的生活水平和对装饰要求的提高，人们越来越重视玄关作为室内环境的第一印象的美观性，对门厅的各个面造型、照明分配、家具造型、装饰手法、陈设品和绿化的设置都有了更高的设计要求。在设计中还必须考虑其实用性和私密性。其中应包括适当的面积、较强的防卫性能、合适的照度、较好的通风性、足够的储藏空间以及安定的归属感。

图2-1　玄关（一）

图2-2　玄关（二）

二、起居室（客厅）设计

中国人更愿意称起居室为客厅（图2-3）。顾名思义，客厅就是用来接待客人的厅房，这与中国的传统文化一脉相承。中国是"文明古国，礼仪之邦"，中国人以和为贵，注重大同，因此，把与周边人士的交流汇聚看得相当重要。在家庭中，客厅往往占据非常重要的地位，在布置上一方面注重满足会客这一主题的种种需要，风格用具方

图2-3　起居室（一）

面尽量为客人创造方便；另一方面，客厅作为家庭外交的重要场所，更多地用来彰显一个家庭的气度与公众形象，因此，在形式各异的装饰风格中，规整而庄重、大气且大方是其主导。

1. 起居室的空间功能分析

起居室是住宅空间中的公共区域，是家庭群体生活的主要活动空间，是住宅空间设计的重要区域。它具有多方面的功能，既是全家活动、娱乐、休闲、团聚、就餐等活动的场所，有时兼有工作、坐卧、学习的功能，又是接待客人、对外联系交往的社交活动空间。因此，起居室成为住宅的中心首脑空间和对外的窗口。起居室应该具有较大的面积和适宜的尺度，同时，要有较为充足的采光和合理的照明。起居室靠近门厅或分户门，直接或经过内走道与卧室、书房、浴厕等相通，是住宅的核心用房和交通枢纽。起居室是住宅中使用率最高、人员活动最为集中的空间，在设计中要特别注意其对整个住宅空间环境的作用和影响。起居室几乎涵盖了家庭中80%的生活内容，同时，也成为家庭与外界沟通的一座桥梁（图2-4）。

图2-4　起居室（二）

起居室中的活动是多种多样的，其功能是综合性的。起居室内的主要活动内容有以下几项：

（1）家庭团聚。起居室首先是家庭团聚交流的场所，这也是起居室的核心功能。一般是通过一组沙发或座椅的巧妙围合形成一个适宜交流的场所。场所的位置一般位于起居室的几何中心处，以象征此区域在居室中心位置。以前在西方，起居室是以壁炉为中心展开布置的，温暖而装饰精美的壁炉构成了起居室的视觉中心。而在现代，壁炉由于失去实用功能已变为一种纯粹的装饰或被电视机取代。家庭成员围绕电视机展开休闲、饮茶、谈天等活动，形成一种亲切而热烈的氛围。

（2）会客。起居室往往兼具客厅的功能，是一个家庭对外交流的场所。起居室的设计在布局上要符合会客的距离和主客位置上的要求，在形式上要创造适宜的气氛，同时要表现出家庭的性质及主人的品位，达到微妙的对外展示的效果。在西方发达国家，客厅是单独设置的，比较正式。在中国传统住宅中，会客空间是方向感较强的矩形空间，视觉中心是中堂面和八仙桌，主、客分列八仙桌两侧。而现代的会客空间的格局则轻松得多，其位置随意，可以和家庭谈聚空间合二为一，也可以单独形成亲切会客的小场所。围绕会客空间可以设置一些艺术灯具、花卉、艺术品以调节气氛。会客空间随着位置、家具布置及艺术陈设的不同，可以形成千变万化的空间氛围。

（3）视听。听音乐和看电视是现代人们生活中不可缺少的部分。西方国家传统的起居室中往往给钢琴留出位置，而中国传统住宅的堂屋中常常有听曲看戏的空间。随着科学技术的发展，人们的生活也在不断变化着，收音机的出现一度影响了家居的布局形式，而现代视听装置的出现对其位置、布局以及与住宅空间的关系提出更加精密的要求。电视机的位置与沙发座椅的摆放要协调，以便坐着的人都能看到电视画面。另外，电视机和窗户的位置也有要求，要避免逆光以及外部景象在屏幕上形成的反光对观看质量产生影响。

（4）娱乐。起居室中的娱乐活动主要包括玩棋牌、唱卡拉OK、弹琴、游戏等。根据主人的不同爱好，应当在布局中考虑娱乐区域的划分；根据每一种娱乐项目的特点，以不同的家具布置和设施来满足娱乐功能要求。如对于卡拉OK，可以根据实际情况单独设置沙发、电视，也可以和会客区域融为一体来考虑，使空间具备多种功能；而棋牌娱乐则需有专门的牌桌和座椅，对灯光照明也有一定的要求，一般它的家具布置，根据实际情况也可以处理成和餐桌、餐椅相结合的形式。游戏的环境则较为复杂，应视具体种类来决定它的区域位置以及面积大小。如有些游戏可利用电视来玩，那么聚会空间就可以兼作游戏空间，有些大型的玩具则需较大的空间来布置。

（5）阅读。在家庭的休闲活动中，阅读占有相当大的比例。以一种轻松的心态去阅读报纸、杂志或小说，对许多人来讲是一件愉快的事情，这些活动没有明确的目的性，因此不必在书房进行。这部分区域在起居室中存在，但其位置并不固定，往往随时间和场合变动。如白天人们喜欢在靠近阳光的地方阅读，晚上希望在台灯或落地灯旁阅读，而伴随着聚会所进行的阅读活动其形式更不拘一格。阅读区域虽然有其变化的一面，但其对照明和座椅的要求以及存书的设施要求也是有一定规律的，设计时必须准确地把握分寸。

2. 起居室的设计要点

（1）主次分明、相对独立。起居室是一个家庭的核心，可以容纳多种性质的活动，可以形成若干个区域空间。但是要注意，在众多的活动区域之中是以一个区域为主的，以此形成起居室空间的核心。在起居室中通常以聚谈、会客空间为主体，辅以其他区域而形成主次分明的空间布局。而聚谈、会客空间往往是以沙发、座椅、茶几、电视柜围合而形成，又可以以装饰地毯、天花板造型以及灯具来呼应，达到强化中心感的目的。

在实际中常常遇到的一个棘手的问题是起居室直接与户门相连，甚至在户门开启时，楼梯间的行人可以对起居室的情况一目了然，严重地破坏了住宅的私密性和起居室的安全感、稳定感，在起居室兼作餐厅使用时，客人的来访对家庭生活影响较大。因此，在住宅空间设计时，宜采取一定措施进行空间和视线分隔。在门厅和起居室之间应设屏门、隔断，或利用隔墙或固定家具形成的交点，当卧室门或卫生间门和起居室直接相连时，可以使门的方向转变一个角度，以增加隐蔽性来满足人们的心理需求。

（2）注意起居室的形态特征。随着建筑业的迅速发展，住宅空间的结构发生了变化，起居室也呈现出了三种基本形式：一是静态封闭式的起居室空间，这种形式的起居室封闭感强，使人感到亲切和私密；二是动态宽敞式的起居室空间，其主要特点是墙少、与外部联系紧密，大面积使用玻璃墙，使人感到宽敞、明快；三是虚拟流动式的起居室空间，其是一种无明显界面，又有一定范围的建筑空间，它的范围没有十分完整的隔离形态，缺乏较强的限定度，只靠部分形体的启示和联想划分空间。

（3）起居室的通风防尘。要保持良好的住宅空间室内环境，除视觉美观以外，还要给居住者提供洁净、清新、有益健康的室内空间环境。保证室内空气流通是满足这一要求的必要手段。保证空气流通的方式一种是自然通风，一种是机械通风，机械通风是对自然通风不足的一种补偿。在自然通风方面，起居室不仅是交通枢纽，而且常常是室内组织自然通风的中枢。因此，在室内布置时，不宜削弱此种作用，尤其是在隔断、屏风的设置上，应考虑到它的尺寸和位置，使其不影响空气的流通。而在机械通风的情况下，也要注意因家具布置不当而形成的死角对空调功效产生的影响。

防尘也是保持室内清洁的重要手段，国内住宅中的起居室常常与进户门直接相连，带有门厅的功能，同时又直接联系卧室起过道作用。为防止灰尘入户进入卧室，应当在起居室和进门之间处理好防尘问题，采取必要的措施，如加强门的密封、地面加脚垫、增加适当的隔断或过渡空间等。

3. 起居室的装修、陈设设计

住宅空间环境的氛围是由建筑的地面、墙体、顶棚、门窗等基本要素构成的空间整体形态与尺度，加上采光、照明、空调、通风等设备的设计与安装共同营造的。装修构造是围合组成空间的界面结构，即空间界面的包装。装饰陈设是对已装修完毕的界面进行附着于其上的布置，以及空间中的活动物品的点缀与布置。

中国目前的住宅建设现状是空间的高度受到很大限制，一般在 2.8 m 左右。在大多数情况下，空间环境的界定在建筑设计时已完成，留给住宅空间设计发挥的余地已很小，不宜再进一步分隔、包装。这就引出一个问题，那就是在目前的情况下，住宅空间设计的重点应放在何处，是以装修为主还是以陈设为主。其实装修和陈设是辩证统一的关系，装修有一定的技术性和普遍性，而陈设则更高地表现在文化性和个性方面，可以说，陈设是装修的升华。

就设计原理而言，住宅空间设计中的装修和陈设之间不能一刀切式地划分。它们之间有很多联系，是相辅相成的。装修的风格制约着陈设，而陈设有时又对装修有很大的影响。不同的民族、地域，有不同的传统特点和思维习惯，而每个居室主人的审美要求和文化品位更是千差万别，设计师如果试图单独以装修的手段来满足各种户主的要求，代价将是昂贵的，而且是不可能的。装修与陈设的主次关系往往随着空间的变化而变化。在我国目前的住宅环境的结构条件下，把陈设提到一个较高的位置上，无疑会使设计师的思路更加开阔，手法更加丰富，作品也会更加有生命力。

（1）空间界面处理。

顶棚：起居室的顶棚由于受住宅建筑层高度的限制，设置吊顶及灯槽都有一定的困难，应以简洁的形式为主。

地面：起居室地面材质选择余地较大，可以用地毯、地砖、天然石材、木地板、水磨石等多种形式，使用时应对材料的肌理、色彩进行合理选择。而像公共空间中那样利用拼花的千变万化强调视觉的做法应慎用，地面的造型也可以通过不同材质的对比来取得变化。

墙面：起居室的墙面是起居室装饰中的重点部位，因为它面积大，位置重要，是视线集中的地方，对整个室内风格、式样及色调起着决定性作用。它的风格也就是整个室内的风格，因此，起居室墙面的装饰是很重要的。

首先应从整体出发，综合考虑住宅空间中门、窗的位置以及光线的配置，色彩的搭配和处理等诸多因素。起居室墙面及整个室内装饰和家具布置背景起衬托作用，因此，装饰不能过多过滥，应以简洁为宜，最好用明亮的颜色，使空间明亮开阔。同时，应该对主要墙面进行重点装饰，以集中视线，表现家庭的个性及主人的爱好。西方国家传统起居室是以壁炉为中心的墙面为重点装饰的。同时壁炉上摆放小雕塑、瓷器、肖像等工艺品，壁炉上方悬挂绘画或浮雕、兽头、刀剑、盾牌等进行装饰，有的还在墙面上做出造型。而中国传统民居中是以正屋一进门的南立面为装饰中心，悬挂中堂、字画、对联、匾额，有些还做出各种落地罩、隔扇或设立屏风等进行装饰，以营造庄重的气氛。

（2）陈设处理。

1）起居室的陈设艺术风格。任何一个起居室，其风格反映着整个住宅的风格。由于装修的风格因空间、地域、主人的喜好而异，陈设手法也大相径庭。在住宅空间设计中，装修的风格有欧式、中式，古典、现代之分。

在欧式风格中，陈设应以雕塑、金银、油画等为主；在中式风格中，陈设应以瓷器、扇、字画、盆景等为主。古典风格的起居室中的陈设艺术品大多制作精美、形态沉稳，如古典的油画，精巧华丽的餐具、烛台；现代风格的起居室中的陈设艺术品则色彩鲜艳，讲求反差、夸张。

2）起居室陈设艺术品的种类。可用于起居室中的陈设艺术品的种类很多，而且没有定式。室内设备、用具、器物等只要适合空间需要及主人的情趣爱好，均可作为起居室的装饰陈设。装饰织物类是室内陈设用品的一大类别，包括地毯、窗帘、陈设覆盖织物、靠垫、壁挂、顶棚织物、布玩具、织物屏风等。如今织物已渗透到住宅空间设计的各个方面，由于织物在室内的覆盖面大，所以对室内气氛、格调、境界等起很大作用。织物具有柔软、触感舒适的特性，所以又能相当有效地增加舒适感。在起居室中手工的地毯可以划分出会客聚谈的区域，以不同的图案创造不同的区域氛围。壁毯能在墙面上形成中心，使人产生无穷的想象。沙发座椅上的小靠垫则往往以明快的色彩，调节着色彩整体节奏。同时织物的吸声效果很好，有利于创造安静的环境。

可应用于起居室中的陈设艺术品还包括灯具造型、家具造型、动物标本、壁画、字画、油画、钟表、陶瓷、现代工艺品、面具、青铜器、古玩、书籍以及一切可以用来装饰的材料，如石头、细纱、铁艺、彩绘等。

面对如此之多的选择，设计师应保持冷静清醒的头脑，陈设艺术品的选择要与住宅空间设计的整体风格相协调，否则会使人有凌乱的感觉。住宅空间设计在满足功能的前提下，是各种室内物体的形、色、质、光的组合。这个组合是一个非常和谐统一的整体。在整体之中每一种要素必须在总体的艺术效果的要求下，充分展现自然的魅力，共同创造出一个使用效率高、艺术品位高的起居室空间环境。室内陈设艺术品的选择与设计必须有整体的观念，不能孤立地评价物品的材质优劣，关键在于它是否能融入起居室整体环境，如果搭配得当，即使是粗布乱麻，也能使室内生辉。而如果品格相差甚远，选择不当，哪怕是金银珠宝，也只能是一种堆砌，显得多余（图 2-5）。

图 2-5　起居室陈设

陈设艺术品的摆放位置如下所述：首先可将众多的陈设归为实用型和美化型两类，比如艺术灯具，有实用的照明功能兼具美观作用；又如精致的烟灰缸，为主人和客人提供了盛放烟灰的器皿，同时其造型又为区域空间增加了情趣。古典的家具在现代生活空间中既有实用的功效，又有展示的效果。这类陈设的布局应从使用功能出发，根据室内人体工程学的原则，确定其基本的位置，如灯具的位置高低不能影响其照明功效，烟灰缸的位置应令使用者很方便地使用。家具的摆放既要符合起居室中家具布置的一般原则，又要使其位于显眼处，以发挥其展示功能。

另一类陈设则属于纯粹视觉上的需求，没有实用的功能，它们的作用在于充实空间、丰富视觉效果。如墙面上的字画、油画的作用在于丰富墙面，瓷器主要用于充实空间，玩具用来增添室内情趣。这类陈设的位置则要从视觉需要出发，结合空间形态来设计。同时起居室空间中虽然拥有多种多样的陈设，但必须遵循统一、变化的对立统一原则来合理配置，即设立主要的统率全局的陈设和充实、丰富空间的小陈设。主要的陈设往往位于起居室空间中的醒目位置，起视觉中心的作用，次要和从属性的陈设的摆放则比较随意，主要是依据其造型所表达的性质和区域空间配套。

三、餐厅设计

1. 餐厅的空间功能分析

餐厅是家人用餐的主要空间，也是宴请亲友的活动空间。因其功能的重要性，每个家庭都应设置一个独立餐室，若空间条件还不具备，也可以与厨房组成餐厨一体的形式，还可以从起居室中以轻质隔断或家具分隔成相对独立的用餐空间。餐厅的位置设在厨房与起居室之间是最合理的，这在使用上可节约食品供应时间和就座进餐的交通路线，在设计上则取决于各个家庭不同的生活与用餐习惯。餐厅的主要功能是用餐，有时也兼作娱乐场地（图 2-6）。

图 2-6　餐厅（一）

2. 餐厅的家具布置

"民以食为天"，用餐是每天的头等大事。无论在用餐环境还是在用餐方式上都有一定的讲究。除了餐桌之外，还要根据使用者的需要考虑酒柜、储物柜、酒吧台等的设置。设计时要注意强调幽雅的环境以及气氛的营造。现代家庭在进行餐厅装饰设计时，除了要考虑家具的选择与摆放位置外，更应注重灯光的调节以及色彩的运用，这样才能创造出一个独具特色的餐饮空间。在灯光的处理上，餐厅的灯光要尽量使用暖色调，给人以亲切感，同时还可以起到增加食欲的作用。餐厅顶部的吊灯或灯棚属于餐室的主要光源，也是形成情调的视觉中心。在空间允许的前提下，最好能在主光源周围布设一些低照度的辅助灯具，以丰富光线的层次，从而营造轻松愉快的气氛。在家具配置上，应根据家庭日常进餐人数来确定，同时应考虑宴请亲友的需要。在结构紧凑、面积较小的住宅中，可以考虑使用可折叠的、可灵活变化的餐桌、餐椅进行布置，以增强使用上的机动性（图2-7）。

图2-7　餐厅（二）

根据餐厅或用餐区位空间的大小与形状以及家庭的用餐习惯，选择合适的家具。西方国家多采用长方形或者椭圆形的餐桌，而中国多选择正方形与圆形的餐桌。此外，在现代住宅中，餐厅中的餐桌、餐椅、餐饮柜的造型以及酒具和装饰品的陈设应优雅整洁，这也是产生赏心悦目的效果的重要因素，更可在一定程度上规范不良的进餐习惯。

3. 餐厅的造型及色彩要求

（1）空间界面设计。餐厅的功能较为单一，因此住宅空间设计必须从空间界面的设计、材质选择以及色彩灯光的设计和家具的配置等方面全方位配合来营造一种温馨和谐的气氛。空间格调是由空间界面的设计来形成的，下面对餐厅空间界面设计及特性进行分析。

①顶棚：餐厅的顶棚设计往往比较丰富而且讲求对称，其几何中心对应的位置是餐桌。无论在中国还是在西方，无论使用圆桌还是方桌，就餐者均围绕餐桌而坐，从而形成了一个无形的中心环境。由于人是坐着就餐，所以就餐活动所需层高并不高，这样设计师就可以借助吊顶的变化丰富餐厅环境，同时也可以用暗槽灯的形式营造气氛。顶棚的造型并不一律要求对称，但即便不是对称的，其几何中心也应位于中心位置。这样处理有利于空间的秩序化，给人一种平衡感。餐厅照明光源的主要位于顶棚，其照明形式是多种多样的，灯具有吊灯、筒灯、射灯、暗槽灯、格栅灯等。应当在顶棚上合理布置不同种类的灯具，灯具的布置除了应满足餐厅的照明要求以外，还应考虑家具的布置以及墙面饰物的位置，以使各类灯具有所呼应。顶棚除了实现照明功能以外，还要创造就餐的环境氛围，因此除了灯具以外，还可以悬挂其他艺术品或饰物。

②地面：餐厅的地面可以有更加丰富的变化，可选用的材料有石材、地砖、木地板、水磨石等。地面的图案样式也可以有更多的选择，如均衡的、对称的、不规则的等，应当根据设计的总体设想来把握材料的选择和图案的形式。餐厅的地面材料选择和做法的实施还应当考虑便于清洁这一因素，以适应餐厅的特定要求。要使地面材料有一定防水和防油污的特性，在做法上要考虑灰尘不易附着于构造缝之间，否则难以清除。

③墙面：在现代社会中，就餐已日益成为重要的活动，餐厅空间使用的时间也越来越长，餐厅不仅是全家人日常共同进餐的地方，也是邀请亲朋好友交谈与休闲的地方。因此，对餐厅墙面进行装饰时，应从建筑内部把握空间，根据空间使用性质、所处位置及个人嗜好，运用科学技术与文化手段、艺术手法，创造出功能合理、舒适美观、符合人的生理和心理要求的空间环境。

餐厅墙面的装饰除了要使餐厅和住宅整体环境相协调以外，还要考虑到它的实用功能和美化效果。一般来讲，餐厅较卧室、书房等空间要轻松活泼一些，要注意营造出一种温馨的气氛，以满足家庭成员的聚合心理（图2-8）。

（2）色彩要求。空间的色彩对人们心理的影响是比较大的，尤其是餐饮空间。据科学家分析，不同的色彩会引发人们就餐时的不同情绪。橙色以及相同色相的颜色，是最适宜餐厅的使用较普遍的色彩，因为这类色彩有刺激食欲的功效，它们不仅能给人以温馨的感觉，而且可以提高进餐者的兴致，促进人们之间的情感交流，活跃就餐气氛。当然，人们对色彩的认识和感知并非长久不变，在不同的季节、不同的心理状态下，人们对同一种色彩会产生不同的反应。这时设计师可以用其他手段来巧妙地调节，如灯光的变化，餐巾、餐具的变化，装饰花卉的变化等。因此，只有根据实际情况，因地制宜，才能达到良好的效果。有的住宅中餐厅面积很小，可以在墙面上安装镜面以在视觉上造成空间增大的感觉。另外，墙面的装饰要突出个性，要在材料选择上下一定功夫，不同材料质地、肌理的变化会给人带来不同的感受。

图 2-8　餐厅（三）

任务拓展

起居室的设计要点有哪些？

任务二　私密性活动区域住宅空间设计

任务导读

卧室是人们休息和睡眠的场所，因此，卧室设计必须隐秘、恬静、舒适、便利、健康，在此基础上寻求温馨的氛围与优雅的格调，使居住者身心愉悦。

书房是中国住宅自古就有的一种独立空间形式，由于现代生活的变化，人们在家中学习和工作的时间越来越多，书房既是办公环境的延伸，也是家居生活的重要组成部分。

卫生间是住宅空间中占据面积小、使用频繁、耗能多的空间。长久以来，卫生间并不被看作住宅空间设计的重点，但随着人们生活水平的提高，对卫生间的要求已不再仅仅局限于满足日常的生理需要，而逐渐向沐浴、洗衣、清洁、化妆等多功能集合性空间发展。

一、卧室设计

1. 卧室的空间功能分析

卧室的主要功能是供人们休息和睡眠，人们对此始终给予足够的重视。首先，卧室的面积大小应能满足基本的家具布局，如单人床或双人床的摆放以及适当的配套家具，如衣柜、梳妆台等的布置；其次，要对卧室的位置给予恰当的安排，睡眠区域在住宅中属于私密性很强的空间，即安静区域，因此在建筑设计的空间组织方面，往往把它安排于住宅的最里端，要和门口保持一定的距离，同时也要和公用部分保持一定的间隔关系，以避免相互之间的干扰。在设计的细节处理上要注重卧室的睡眠功能对空间的光线、声音、色彩、触觉的要求，以保证卧室具有高质量的使用功能。

随着人们的住宅条件有了大幅度的提高，卧室的私密性得到了较好的尊重。比如住宅空间设计领域曾提出"大厅、小卧室"的设计模式，即一种对卧室空间的重新认识和基本的尊重。如今，人们对卧室的空间模式提出了更高的要求，除了位置上的要求外，对卧室的配套设施以及空间大小的要求也在不断提高与扩展，卧室的种类也在不断细化，如主卧室、子女卧室、老人卧室、客人卧室等卧室功能的细化对卧室空间设计就提出了更高的要求。这要求设计师从色彩、位置、家具布置、使用材料、艺术陈设等多方面入手，统筹兼顾，使不同性质的卧室具有其应有的定位关系和形态、特征。

2. 卧室的种类及设计要求

（1）主卧室。主卧室是房屋主人的私人生活空间，它不仅要满足夫妻双方情感与志趣上的共同理想，而且也必须顾及夫妻双方的个性需求。高度的私密性和安全感，是主卧室布置的基本要求。在功能上，主卧室一方面要满足休息和睡眠的要求，另一方面必须合乎休闲、工作、梳妆及卫生保健等综合要求。因此，主卧室实际上是具有睡眠、休闲、梳妆、盥洗、储藏等综合实用功能的活动空间（图2-9）。

图2-9 主卧室

睡眠区位的布置要从夫妻双方的婚姻观念、性格类型和生活习惯等方面综合考虑，从实际环境条件出发，尊重夫妻双方身心的共同需求，在理智与情感的双重关系上寻求理想的解决方式。在形式上，主卧室的睡眠区位可分为两种基本模式，即"共享型"和"独立型"。所谓"共享型"的睡眠区位就是共享一个公共空间进行睡眠、休息等活动。在家具的布置上可根据双方的生活习惯选择，要求有适当距离的可选择对床；要求亲密的可选择双人床，但容易造成相互干扰。所谓"独立型"的睡眠区位则是以同一区域的两个独立空间来处理双方的睡眠和休息问题，尽量减少夫妻双方的相互干扰。以上两种睡眠区位的设计模式各有千秋，在生理与心理要求上符合各个阶段夫妻对生活的需要。

主卧室的休闲区位是在卧室内满足主人视听、阅读、思考等以休闲活动为主要内容的区域。在设计时可根据夫妻双方在休息方面的具体要求，选择适宜的空间区位，配以家具和必要的设备。

主卧室的梳妆活动应包括美容和更衣两部分。这两部分的活动可分为组合式和分离式两种形式。一般以美容为中心的都以梳妆家具为主要设备，可按照空间情况及个人喜好分别采用活动式、组合式或嵌入式的梳妆家具形式。从效果看，后两者不仅可节省空间，而且有助于增进整个房间的统一感。更衣也是卧室活动的组成部分，在条件允许的情况下，可设置独立的更衣区位或与美容区位有机结合形成一个和谐的空间。在空间受限制时，也应在适宜的位置上设立简单的更衣区位。

卧室的卫生区位主要指浴室，最理想的状况是主卧室设有专用浴室。在实际住宅环境条件达不到时，也应使卧室与浴室间保持一个相对便捷的位置，以保证卫浴活动隐蔽、方便。

主卧室的储藏物以衣物、被褥为主，一般嵌入式的壁柜系统较为理想，这样有利于加强卧室的储藏功能，也可根据实际需要，设置容量与功能较为完善的其他形式的储藏家具。

总之，主卧室的布置应达到隐秘、宁静、便利、合理、舒适和健康等要求，在充分表现个性的基础上，营造出优美的格调与温馨的气氛，使主人在优雅的生活环境中得到充分的放松与心绪的宁静。

（2）子女卧室。子女卧室相对主卧室也可称为次卧室，是子女成长与发展的私密空间，在设计上应充分考虑子女的年龄、性别与性格等特定的个性因素。根据子女成长的过程，可将其卧室大致分为以下五个阶段：

① 婴儿期卧室：婴儿期多指从出生到周岁这一时期。在原则上，最好能在此阶段为婴儿设置单独的婴儿室，但往往考虑照顾方便，多是在主卧室内设置育婴区。育婴室或育婴区的设置应从保证相对的卫生和安全出发。主要设备为婴儿床、婴儿食品及器皿的柜架、婴儿衣被柜等。对6个月以后的婴儿需添设造型趣味盎然和色彩醒目绚丽的婴儿椅和玩具架等，以强化婴儿对形状和色彩的感觉（图2-10）。

图 2-10　婴儿期卧室

② 幼儿期卧室：幼儿期又称学前期，囊括 1～6 岁的孩子。幼儿期卧室在布置上以保证安全和方便照顾为首要考虑因素，通常临近父母卧室，并靠近厨房的位置比较理想。卧室的选择还应保证充足的阳光、新鲜的空气和适宜的室温等有助于幼儿成长的自然因素。在形式上，必须完全依据幼儿的性别、性格的特殊需要，采用富有想象力的设计，提供可诱发幻想和有利于创造力培养的游戏活动，而且还需随时根据年龄的增长和兴趣的转移，予以合理调整与变化（图2-11）。

③ 儿童期卧室：儿童期指从学龄开始至性意识初萌的这一阶段，在学制上属于小学阶段。从年龄上看是指 7～12 岁的孩子。这一时期的孩子开始接受正规教育，富于幻想和好奇心理，故应以心智的全面发展为目标，强调学习兴趣，启发他们的创造能力，培养他们健康的个性和优良的品德。就整个儿童期的住宅空间而言，睡眠区应逐渐被赋予适度的成熟色彩，并逐渐完善以学习为主要目的工作区域。除保证设立一个适于阅读与书写的活动中心外，在有条件的情况下，依据孩子的性别与兴趣特点，可设立手工制作台，实验台，饲养角及用于女孩梳妆、家务工作等方面的家具设施，使他们在完善合理的环境中实现充分的自我表现与发展（图2-12）。

④ 青少年期卧室：青少年期泛指 12～18 岁的年龄阶段，在学制上属于中学阶段。青少年期是孩子长身体、长知识的黄金时期，孩子虽然显示出纯真、活泼、热情、勇敢和富于理想等诸多优点，但

图 2-11　幼儿期卧室　　　　　　　　　　图 2-12　儿童期卧室

也常常暴露出浮躁、不安、鲁莽、偏激和易于冲动等不足。因此，青少年期卧室必须兼顾学习与休闲的双重功能，使孩子在合理良好的环境条件下，培养良好的习惯和爱好，陶冶情操，以确保他们身心的平衡与正常的发展。为了增强子女本身对环境美化的参与感，并满足其创造的欲望，宜鼓励子女直接参与和其本身有关的环境布置工作。此外，由于青少年时期的子女其生活观念和方式逐渐建立，在私生活空间的配置上最好使两代人在适度的距离上增加和谐互助的关系（图2-13）。

⑤ 青年期卧室：青年期是指开始具备公民权利以后的时期。在此阶段，无论是继续求学还是就业，子女的身心都已成熟。他们对于本身私生活空间必须负起布置与管理的责任，父母只宜站在指导角度上予以协助。在设计原则上，青年期卧室宜充分显示其学业与职业特点，并应在结合自身的性格因素与业余爱好等方面，求取特点的形式表现（图2-14）。

图 2-13 青少年期卧室

图 2-14 青年期卧室

总之，子女卧室的设计，应该以培养下一代成长为最高目标，不仅应为下一代安排一个舒适优美的生活空间，使他们在其中体会亲情，享受童年，进而增加生活的信心与修养，还应为下一代规划完善正确的"生长"环境，使他们能在其中启迪智慧，学习技能，进一步开拓人生的前途与理想。

3. 卧室的设计方法

（1）儿童房间。由于现代室内陈设艺术不断发展和完善，其所覆盖的范围越来越广泛，分工也越来越具体，因此，室内陈设的针对性也越来越强。儿童房间的装饰陈设已经成为现代室内装饰的一个组成部分。

从心理学角度分析，儿童独特生活区域的划分，有益于他们提高自己的动手能力和启迪智慧。儿童房间的布置应该是丰富多彩的，针对儿童的性格特点和心理特点，设计的基调应该是简洁明快、新鲜活泼、富于想象的，为他们营造一个童话式的意境，使他们在自己的小天地里，更有效地、自由自在地安排课外学习和生活起居（图2-15）。

图 2-15 儿童房间

尺度设计要合理。根据人体工程学的原理，为了孩子的舒适方便和身体健康，在为孩子选择家具时，应该充分考虑儿童的年龄和体型特征。写字台前的椅子最好能调节高度，如果儿童长期使用高矮不合适的桌椅，会造成驼背、近视，影响正常发育。在家具的设计中，要注意多功能性及合理性，如在给孩子做组合柜时，下部宜做成玩具柜、书柜和书桌，上部宜作为装饰空间。根据儿童的审美特点，家具的颜色也要选择鲜艳明快的色调。鲜艳明快的色调不仅可以使儿童保持活泼积极的心理状态和愉悦的心境，还可以改善室内亮度，形成明朗亲切的室内环境。在这种环境下，孩子能产生安全感和归属感。在房间的整体布局上，家具要少而精，要合理利用室内空间。摆放家具时，家具尽量靠墙摆放，要注意安全、合理，并设法给孩子留下一块活动空间。孩子的学习用具和玩具最好放在开敞式的架子上，便于随时拿取。

装饰摆设要得当，以利于儿童的身心健康。墙面装饰是发挥孩子个性、爱好的最佳园地，这块空间既可以让孩子动手去丰富它，也可采取其他不同的办法装饰出独特的风景；既可在墙面上布置一幅色调明快的景物画，也可采取涂画的手法，画上蓝天白云、动画世界、自然风光等。这样不仅在视觉上扩大了儿童的居室空间，又可让孩子感到生活在美丽的大自然或快乐的动画世界中，想象力得到充分发挥，并培养热爱大自然的高尚情操和健康快乐的性格。如果没有条件布置巨幅绘画，也可以在墙上点缀些野外的东西。挂上一个手工的小竹篮、插上茅草或其他绿色植物，或贴上妙趣横生的卡通动画等，都能使儿童房间增加自然美的气息。

桌面的陈设要兼顾观赏与实用两个方面。对于儿童所使用的一些实用工艺品，如台灯、闹钟、笔筒等，以安全耐用、造型简洁、颜色鲜艳为宜。摆设品要尽量突出知识性、艺术性，充分体现儿童的特点，如绒制玩具、泥娃娃、动植物标本、地球仪等，或在室内放置一两件体育用品，更能突出孩子的情趣和爱好。在寒冷的冬季，在室内摆上一两盆绿叶花卉，能使孩子的房间充满盎然的生机。

另外，儿童房间的布置，要注意体现正确的人生理想，满足他们在精神功能上的需要，如在墙上悬挂名言警句，或在桌上、书架上摆放象征积极向上的工艺品，以及一些既能开发智力、帮助学习，又有装饰性和实用性的摆设品。

色彩和图案要富有多样性和丰富性，并且有机地结合在一起。因为儿童的心理特征是新鲜活泼、富于幻想，所以家具、墙面、地面的色调应在大体统一的前提下，适当作一些变化，如奶白色的家具、浅粉色的墙面、浅蓝色的地毯等。

儿童房间的窗帘也应别具特色。一般宜选择色彩鲜艳、图案活泼的面料，最好能根据四季的不同，配上不同花色的窗帘，如春天的窗帘可选用绿色调自然纹样，夏天可配上防日晒的彩色百叶窗；床上用品可绣上英文字母或动物图形等。色彩的多样化可增进儿童的幻想，并促进他们智力的提高。家具的造型做成梯架形、平弧形、波浪形等，避免单一，要有变化，有立体感、跳跃感，这样有利于训练孩子对造型的敏感性。

（2）青少年房间。住宅的主人应包括不同年龄的男人和女人。不仅父亲、母亲是住宅的主人，也应当把孩子，特别是青少年当作住宅和家庭的主人。在中国，这一点往往被一些家长忽略，因此，青少年在家庭住宅中所必需的空间和设施安排不当的情况经常出现，从而给孩子们的生理、心理的成长和发育造成许多不良影响。而另一种倾向是过分溺爱孩子，把他们当作家庭中的"小太阳""小皇帝"。这两种倾向都应加以纠正。因此，很有必要认真研究如何巧妙地安排和布置青少年房间，给他们一个良好的学习、生活、休息和娱乐的家庭空间，使他们的身心得到健康发展（图2-16）。

图2-16 青少年房间

给孩子一个相对独立的空间，这样既能增强孩子的主人翁意识，还能使其音乐、绘画等各方面的爱好和天赋得到更好的发挥。另外，青少年也需要有朋友，有交往，所以也应该考虑这方面的活动空间。因为在许多情况下，孩子们相互学习的效果比父母教育辅导好得多。青少年身体发育快，适应性强，对桌椅等家具及活动空间的要求都有相应的变化，必须注意及时加以调整。如果床的尺寸不当，桌椅不配套，不适合青少年身体行为的尺寸，读写位置光线不好，就容易造成不良的读写姿势和习惯，以致造成驼背、脊椎侧弯、视力减退等生理畸形。另外，孩子长期被安排在北屋或西晒的房间，很少见阳光或总有阳光炫目，都是不利的。

　　青少年房间的布置不能千篇一律，要突出表现他们的爱好和个性。增长知识是他们在这一阶段的主要任务，良好的学习环境对青少年是非常重要的。书桌和书架是青少年房间的中心区，在墙上做搁板架，是充分利用空间的常用方法，搁板上既可放书又可摆放工艺品。另外，可折叠的床和组合柜结合的家具，简洁实用，富有现代气息，所需空间也不大，很适合青少年使用。

　　如果没有条件让青少年独居一室，那么也需在房间里划出一块属于他们的地方。分隔方法有很多种，较理想的是做一个屏风式的书架或博古架，这样既为他们开拓了一块独立的区域，又满足了他们储藏书和其他物品的需要。当然，若地方过于狭小，无法用家具隔断的话，可用布帘隔断。布帘要采用质量较好而且厚实的布料和轻质铝合金导轨，以便收拢和拉开。导轨可直接装在平顶上，必要时可弯成弧形，使布帘拉开形成一个有圆角的分隔区，犹如舞台，既美观又不影响整个房间的布局。青少年的房间空间功能划分是否合理，会在很大程度上影响他们生活的舒适性和学习效率。

　　随着现代科技的发展和青少年学习的需要，如果家庭条件许可，应该尽量让他们多接触现代科技成果，这不仅是为了享受，更是为了适应他们的需要。当然还可用他们自己的作品来陈设布置，如飞机模型、船模、手工艺品、自己作的书画等，将居室点缀得更有个性、更具特色。如对于喜欢乐器的青少年，在床边墙上挂上一把吉他或其他乐器，既能体现个人的素养与爱好，也具有良好的装饰效果。

　　（3）老年人房间。人在进入暮年以后，在心理和生理上均会发生许多变化，要对老年人房间进行室内设计，首先要了解这些变化与老年人的特点。为适应这些变化，对老年人房间应该做些特殊的布置和装饰（图2-17）。

图 2-17　老年人房间

　　房间的朝向以面南为佳，采光不必太多，环境要好，老年人的一大特点是好静，对住宅空间最基本的要求是门窗、墙壁隔声效果好，不受外界影响，要比较安静，一定要防止噪声的干扰，否则会造成不良后果。

　　老年人一般腿脚不便，在选择家具时应对这一特点予以充分考虑。为了避免磕碰，不宜摆放那些方正见棱角的家具。过高的橱、柜或低于膝的大抽屉都不宜使用。在所有的家具中，床铺对于老年人至关重要。南方人喜用棕绷，上面铺褥子；北方人喜用铺板，上面铺棉垫或褥子。有的老年人并不喜欢高级的沙发床，因为会"深陷其中"，不便翻身。钢丝床太窄，不适合老年人，老年人的床铺高低要适当，要方便老年人上下、睡卧以及卧床时自取日用品等。

　　老年人的另一大特点是喜欢回忆过去的事情。所以在房间色彩的选择上，应偏重于古朴、平和、沉着的室内装饰色，这与老年人的经验、阅历有关。随着各种新型装饰材料的大量出现，室内装饰改变了以往"五白一灰"的状况，如墙面颜色为柔和色或贴上各种颜色的壁纸、壁布、壁毡，地面铺上木地板或地毯。如果墙面颜色是乳白色、乳黄色、藕荷色等素雅的颜色，可选用富有生气、不令人感觉沉闷的家具。也可选用以木本色的天然色为基础，涂上不同色彩的家具，还可选用深棕色、驼色、棕黄色、珍珠色、米黄色等人工色调的家具。浅色家具显得轻巧明快，深色家具显得平稳庄重，可由老年人根据自己的喜好选择。墙面与家具一深一浅，相得益彰，只要对比不太强烈，就能有好的视觉效果。

　　从科学的角度看，色彩与光、热的调和统一，能给老年人增添生活乐趣，令人身心愉悦，有利于消除疲劳、带来活力。老年人一般视力不佳，起夜较勤，晚上灯光强弱要适中。还有房间中需有盆栽花卉，绿色是生命的象征，是生命之源，有了绿色植物，房间内顿时富有生气，它还可以调节室内的温度、湿度，使室内空气清新。有的老年人喜欢养鸟，怡情养性的几声莺啼鸟语，更可使生活其乐无穷。在花前摆放一张躺椅、安乐椅或藤椅更为实用，效果也更好。

老年人房间的织物，是使房间精美的点睛之笔，床单、床罩、窗帘、枕套、沙发巾、桌布、壁挂等的颜色应与房间的整体色调一致，图案也以简洁为宜。在材质上应选用既能保温、防尘、隔声，又能美化居室的材料。

总之，老年人的居住空间室内设计应以他们的身体条件为依据。家具摆设要充分满足老年人起卧方便的要求，实用与美观相结合，装饰物品宜少不宜杂，最好采用直线、平行的布置法，使视线转换平稳，避免强制引导视线的因素，力求整体的统一，创造一个有益于老年人身心健康，亲切、舒适、幽雅的环境。

二、书房设计

1. 书房的空间功能分析

书房是用来阅读、书写、工作和密谈的空间，是住宅空间中私密性较强的区域之一，是人们基本住宅条件高层次的要求。它虽然功能单一，但要求具备安静的环境、良好的采光，令人保持轻松愉快的心态。在书房的布置中可分出工作区域、阅读和藏书区域两部分。其中，工作区域在位置和采光上要重点处理。除保证安静的环境和充分的采光外，还应设置局部照明，以满足工作时的照度。另外，工作区域与阅读和藏书区域的联系要便捷，而且藏书要有较大的展示面，以便查阅（图2-18）。

图2-18 书房（一）

随着社会的进步和人民生活水平的不断提高，住宅空间也在不断改良、完善，在日新月异的户型结构中，书房已成为一种必备要素。在住宅的后期室内设计和装饰装修阶段中，更要对书房的布局、色彩、材质、造型进行认真的设计和反复的推敲，以创造出一个使用方便、形式美感强的阅读空间。

2. 书房的空间位置

书房的空间位置设置要考虑到朝向、采光、景观、私密性等多项要求，以保证书房的未来环境质量的优良。因此在朝向方面，书房多设在采光充足的南向、东南向或西南向，忌朝北，使室内照度较好，以便缓解视觉疲劳。

由于人在书写、阅读时需要较为安静的环境，因此，书房的空间位置设置应注意如下几点：

（1）适当偏离活动区，如起居室、餐厅，以避免干扰。

（2）远离厨房、储藏间等家务用房，以保持清洁。

（3）与儿童卧室也应保持一定的距离，以避免儿童的喧闹环境。

书房一般和主卧室的位置较为接近，甚至在个别情况下可以将两者以穿套的形式连接。

3. 书房的布置及家具设施

（1）书房的布置。书房的布置形式与使用者的职业有关，不同的职业，工作的方式和习惯差异很大，应具体问题具体分析。有的书房除提供阅读空间以外，还有工作室的特征，因此必须设置较大的操作台面。同时，书房的布置形式与空间有关，这里包括空间的形状、空间的大小、门窗的位置等。书房中工作区域应是空间的主体，应在位置、采光上给予重点处理。首先这个区域要安静，所以尽量布置在空间的尽端，以避免交通的影响；其次朝向要好，采光要好，人工照明设计要好，以满足工作时的视觉要求。另外，阅读和藏书区域中，特殊的书籍还有避免阳光直射的要求。为了节约空间、方便使用，书籍文件陈列柜应尽量利用墙面来布置。有些书房还应设置休息和谈话的空间。要在不太宽裕的空间内满足这些要求，必须在空间布局上下功夫，应根据不同家具的不同作用巧妙合理地划分出不同的空间区域，以达到布局紧凑、主次分明的目的（图2-19）。

（2）书房的家具设施。根据书房的性质以及主人的职业特点，书房的家具设施变化较为丰富，归纳起来有如下几类：

① 书籍陈列类。包括书架、文件柜、博古架、保险柜等，其尺寸以经济实用及使用方便为参照来设计选择。

② 阅读工作台面类。包括写字台、操作台、绘画工作台、电脑桌、工作椅。

③ 附属设施。包括休闲椅、茶几、粉碎机、音响、工作台灯、笔架、电脑等。

现代的家具市场和工业产品市场为人们提供了种类繁多的家具设施，应根据设计的整体风格合理地选择和配置，并给予良好的组织，为书房空间创造一个舒适方便的工作环境（图2-20）。

图2-19　书房（二）

图2-20　书房（三）

4. 书房的装饰设计

书房是一个工作空间，但绝不等同于一般的办公室，它要和整个家居的气氛协调，同时又要巧妙地应用色彩、材质的变化以及绿化等创造出一个宁静温馨的学习、工作环境。在家具布置上书房不必像办公室那样整齐干净，以表露工作作风的干练，而要根据使用者的工作习惯来布置摆设家具、设施和艺术品，以体现主人的品位、个性。书房与办公室比起来往往杂乱无章，缺乏秩序，但更富有人情味和个性。

三、卫生间设计

卫生间是住宅中处理个人卫生的空间。住宅中的卫生间多为浴室和厕所两种区域合二为一。卫生间的主要使用功能有沐浴、盥洗、化妆、排泄、洗衣等。卫生间的主要设备有盥洗台、化妆镜、坐便器或蹲便器、浴缸或淋浴房、浴巾架、储物柜等（图2-21）。

家庭中卫生间在功能上必不可少，在装饰上，还可从侧面体现主人的性格修养，因此，卫生间设计越来越受到重视。

图2-21　卫生间（一）

从原则上来讲，卫生间是住宅空间的附设单元，面积往往较小，其采光、通风的质量也常常由于换取总体布局的平衡而受到限制，使多数家庭难以在卫生间的环境质量上有更多的奢望，只能在现有条件下进行有限的改善和选择。随着社会科学文化的进步、住宅环境文明的发展，现在出现了拥有两个或更多卫生间的户型。卫生间的形态、格局也在发生着变化，同时人们把精力更多地投入到装修装饰阶段，用造型、灯光、绿化、高质量产品来改善、优化卫生间环境。

图 2-22　卫生间（二）

从环境上讲，卫生间应具备良好的通风、采光及取暖设备。在照明上应采用整体与局部结合的混合照明方式。在有条件的情况下，对洗脸、梳妆部分应以无影照明为最佳选择。在住宅中卫生间的设备与空间的关系应得到良好的协调，对不合理或不能满足需要的卫生间应在设备与空间的关系上进行改善，卫生间的格局在符合人体工程学的前提下予以补充、调整，同时应注意局部处理，充分利用有限的空间，使卫生间能最大限度地满足家庭成员在洁体、卫生、家务工作方面的需求（图2-22）。

1. 卫生间的功能分析

（1）使用卫生间的目的。

① 浴室：用于冲淋、浸泡、擦洗身体，洗发，刷牙，更衣等。

② 厕所：用于大小便、清洗下身、洗手、刷洗污物。

③ 洗脸间：用于洗脸、洗衣、洗手、刷牙漱口、化妆梳头、刮胡子、更衣、洗衣物、敷药等。

④ 洗衣间（家务室）：用于洗涤、晾晒、整烫衣物。

在卫生间中的行为因个人习惯、生活习俗的不同有很大差别，与空间是合并形式还是独立形式也有关系，因此不限于上述划分。

（2）使用卫生间的人。

① 一般人（工作、学习的人）：在一定的时间段使用，容易在高峰期发生冲突。人口多或家庭结构复杂的家庭，应把卫生间分离成各自独立的小空间或加设独立厕所和洗脸间等。

② 残疾人：使用卫生间时很容易出现事故，必须十分重视安全问题。应在必要的位置加设扶手，取消高差，对于使用轮椅或需要保护者，卫生间应相应加大。

③ 婴幼儿：在使用厕所浴室时需有人帮助，在一段时间内需要专用便盆、澡盆等器具，要考虑洗涤污物、放置洁具的场所。使用浴室时，婴幼儿有被烫伤、碰伤、溺死的危险，必须注意安全设计。

④ 儿童：儿童在外面玩沙土时常常弄得很脏，在有条件的情况下最好在入口处设置清洗池，以便在进入房间前清洗干净。

⑤ 客人：常有亲戚朋友来做客和暂住的家庭，可考虑分出客人用的厕所等，在没有条件区分的情况下，如把洗脸间、厕所独立出来也比较利于使用。

（3）使用卫生间的时间段。

① 早上：早上是使用卫生间的高峰时间段，人们一般不能保证在卫生间中有充足的时间洗脸、刷牙、梳理。成年人每天准备上班要占用卫生间，年轻人化妆梳理时占用卫生间的时间也比较长，还有准备去上学的孩子也要用卫生间。人们在某一小段时间内几乎同时需要使用厕所、洗脸池，其所造成的家庭不便可想而知。

② 晚上：晚上虽时间充裕，人们使用卫生间的时间可调配开，但住宅中只设一个卫生间的家庭中仍存在上厕所和洗澡发生矛盾的情况。

③ 深夜：老人和有起夜习惯的人需使用厕所，冲水的声音可能影响他人休息。

④ 休息日、节假日：在休息日、节假日，卫生间的使用次数增多。此外，个人卫生的清理（洗澡、洗发），房间的清扫，衣物的洗涤、熨烫等工作相对比较集中，卫生间的使用率比平日高。

卫生间是应用人体工程学比较典型的空间。卫生间集中了大量的设备，空间相对狭小，使用目的单一、明确，其在人与设备的关系、人的动作尺寸及范围、人的心里感觉等方面的要求比一般空间更加细致、准确。一个好的卫生间设计，要使人在使用中感到舒适，既能使动作伸展开，又能安全方便地操作设备；既比较节省空间，又能在心理上产生一种轻松宽敞感。

2. 卫生间的平面布局和基本尺寸

（1）平面布局。卫生间的平面布局与气候、经济条件、文化、生活习惯、家庭人员构成、设备大小、形式有很大的关系，因此，平面布局有多种形式。例如，有把几种卫生设备组织在一个空间中的，也有分置在几个小空间中的。归结起来可分为独立型、兼用型和折中型三种形式。

现代卫生间的洗脸化妆部分，由于使用功能的复杂和多样化，与厕所、浴室分开布局的情况越来越多。另外，洗衣和做家务杂事的空间近年来被逐渐重视起来，出现了专门设置洗衣机、清洗池等设备的空间，与洗脸间合并一处的也很多。此外，桑拿浴开始进入家庭，成为卫生间的一个组成部分，通常附设在浴室附近。

① 独立型。卫生间的浴室、厕所、洗脸间等有各自独立的场合，称为独立型。独立型的优点是各室可以同时使用，特别是在使用高峰期可减少互相干扰，使用起来方便、舒适；缺点是占用面积大，建造成本高。

② 兼用型。把浴缸、洗脸池、便器等洁具集中在一个空间中，称为兼用型。兼用型的优点是节省空间、经济、管线布置简单等；缺点是一个人占用卫生间时，影响其他人使用。此外，面积较小时，储藏空间等很难设置，不适合人口多的家庭。兼用型一般不适合放入洗衣机，因为沐浴等湿气会影响洗衣机的寿命。目前洗衣机都带有甩干功能，洗衣过程中带水量不多，如设好上、下水道，将洗衣机放于走廊拐角、阳台、暖廊、厨房附近都是可行的。

③ 折中型。卫生间的基本设备与部分独立卫生设备合为一室，称为折中型。折中型的优点是相对节省空间，组合比较自由；缺点是部分卫生设备同置于一室时，仍有互相干扰的现象。

④ 其他布局形式。除了上述几种基本布局形式以外，卫生间还有许多更加灵活的布局形式，这主要是因为现代人给卫生空间注入了新概念，增加了许多新要求。例如，现代人崇尚与自然接近，把阳光和绿意引进浴室以获得沐浴、盥洗时的舒畅愉快；更加注重身体保健，把桑拿浴、体育设施设备等引进卫生间，使人们在浴室、洗脸间中可做操或利用器械锻炼身体；重视家庭成员之间的交流，把卫生间设计成带有娱乐性和便于共同交谈的场所；追求方便性、高效率，使洗脸化妆更加方便，将洗脸间兼做家务洗涤空间以提高工作效率等。

（2）基本尺寸。卫生间的基本尺寸是由几个方面综合决定的，一般主要考虑技术与施工条件、设备的尺寸、人体活动需要的空间大小及一些生活习惯和心理方面的因素。一般来说，卫生间在最大尺寸方面没有特殊的规定，但是尺寸太大会造成动线加长、能源浪费，也是不可取的。在卫生间的最小尺寸方面各国都有一定的规定，在独立厕所方面各国的规定相差不大，在浴室方面则有很大差异，例如，日本工业标准规定浴缸的最小长度是 800 mm，而德国则要求为 700 mm，这对浴室的平面大小有很大的影响。一般公寓、集体宿舍的卫生间面积比较小，个人住宅、别墅的卫生间则比较自由、宽敞。当然，在有条件的情况下，应尽量考虑使用者的舒适与方便，争取设计得宽敞些。

在最小尺寸上，家庭用的卫生间应与公共卫生间有所不同。以独立型厕所为例，由于在家中不必穿着很多衣服和拿着东西上厕所，人活动的空间范围可以小一些。此外，家庭用的卫生间的墙壁比较干净，所以尺寸可以比较小。

独立型厕所又分为独立型坐便器厕所和独立型蹲便器厕所两种。

独立型坐便器厕所的最小尺寸是由坐便器的尺寸和人体活动必要尺寸决定的。一般坐便器加低水箱的长度为 745～800 mm，若水箱做在角部，整体长度能缩小到 710 mm。坐便器的前端到前方门或墙的距离，应保证为 500～600 mm，以便站起、坐下、转身等动作比较自如，左、右两肘撑开的宽度为 760 mm，因此，独立型坐便器厕所的最小尺寸应保证大于或等于 800 mm × 1 200 mm。

独立型蹲便器厕所要考虑人下蹲时与四周墙的关系，一般保证蹲便器的中心线距两边墙各 400 mm，即净宽在 800 mm 以上。长方向应尽可能在前方留出充足的空间，因为前方空间不够时人必然往后退，如厕时容易弄脏便器。

独立型厕所还常带有洗脸、洗手的功能，即形成便器加洗脸设备的空间，便器和洗脸设备间应保持一定距离，一般便器的中心线到洗脸设备边的距离要大于等于 450 mm，这是便器加洗脸设备空间的最低限度尺寸。

独立浴室的尺寸跟浴缸的大小有很大的关系。此外要考虑人穿脱衣服、擦拭身体的动作空间及内开门所占的空间，如带小型浴缸的浴室尺寸为 1 200 mm × 700 mm，带中型浴缸的浴室尺寸为 1 650 mm × 800 mm 等。

独立淋浴室的尺寸应考虑人体在里面活动转身的空间和喷头射角的关系，一般为 900 mm × 1 100 mm 或 800 mm × 1 200 mm 等。小型的淋浴盒子间尺寸可以小于 800 mm × 800 mm。没有条件设浴缸时，淋浴室加坐便器也很实用。

独立洗脸间的尺寸除了考虑洗脸化妆空间的大小和弯腰洗漱等动作外，还要考虑卫生化妆用品的储存空间。由于现代生活的多样化，化妆和装饰用品等与日俱增，必须注意留有充分的余地。此外洗脸间还兼有更衣和洗衣的功能，兼作浴室的前室，设计时尺寸应略大些。

典型三洁具卫生间，即把浴缸、便器、洗脸池这三件基本洁具合放在一个空间的卫生间。由于三洁具紧凑布置，充分利用共同面积，一般空间面积较小，常用面积为 3～4 m²。近些年来因大家庭的分化和 2～3 口人的核心家庭的普遍化，一般的公寓和单身宿舍开始采用工厂预制的小型装配式卫生盒子间。这种卫生间模仿旅馆的卫生间设计，把三洁具布置得更为合理、紧凑，面积大为缩小。最小的尺寸可以做到 1 400 mm × 1 000 mm，中型的为 1 200 mm × 1 600 mm、1 400 mm × 1 800 mm 等，较宽敞的为 1 600 mm × 2 000 mm、1 800 mm × 2 000 mm 等。

（3）卫生洁具设备的基本尺寸。

① 浴室的设备尺寸：浴室的主要设备是浴缸。浴缸的种类很多，归纳起来可分下列三种：深方型、浅长型及折中型。人入浴时需要水深没肩，这样才可以温暖全身，因此，浴缸应保证有一定的水容量，短则高深些，长则浅些。一般满水容量为 230～320 L（图 2-23）。

图 2-23　浴缸

浴缸过小，人在其中蜷缩着不舒适，过大则有漂浮感和不稳定感。深方型浴缸可使卫生间的开间缩小，有利于节省空间；浅长型浴缸使人能够躺平，可使身体充分放松；折中型浴缸则取两者的长处，使人能把腿伸直成半躺姿态，又能节省一定的空间。根据研究，折中型浴缸的靠背斜度在 105 度时人感觉较舒适，考虑人入浴两肘放松时的宽度，浴缸宽度应大于 580 mm；从节约用水的角度出发，可增加靠背的斜度和缩小脚步的宽度。

浴缸的放置形式有搁置式、嵌入式、半下沉式三种。各种形式的特点可归纳如下：

搁置式：施工方便，移换、检修容易，适合在楼层等地面已装修完后放入。

嵌入式：浴缸嵌入台面里，台面对于放置洗浴用品、坐下稍事休息等有利，当然占用空间较大。此外应注意出入浴缸的一边，台子平面宽度应限制在100 mm以内，否则跨出、跨入时会感到不便，或者宽至20 cm以上，以坐姿进出浴缸。

半下沉式：一般是把浴缸高度的1/3埋入地面下，浴缸在浴室地面上所余高度在400 mm左右。与搁置式相比，采用这种形式时出入浴缸比较轻松方便，适合年老体弱的人使用。

② 淋浴器的尺寸：淋浴可以有单独的淋浴室或在浴室里设淋浴喷头。欧美人习惯把淋浴喷头设在浴缸的上方，如同旅馆用的形式；日本人则将其设在浴缸外专门的冲洗场上，在进入浴缸浸泡之前先在外面淋浴、洗发。淋浴喷头及开关的高度主要与人体的高度及伸手操作等因素有关。为适合成人、儿童以及站姿、坐姿等不同情况，淋浴喷头的高度应可以上下调节，至少可悬挂于两个高度。淋浴开关与浴缸开关合二为一时，应考虑设在用浴缸洗浴和用淋浴器洗浴时手均可方便够到的地方（图2-24）。

图2-24 淋浴喷头

③ 坐便器的尺寸：坐便器使用起来稳定、省力，与蹲便器相比，其在家庭场合已成为主流。坐便器的高度对排便时的舒适程度影响很大，常用尺寸为350～380 mm。坐便器的坐圈大小和形状也很重要，中间开洞的大小、坐圈断面的曲线等必须符合人体工程学的要求。手纸盒设在坐便器的前方或侧方，以伸手能方便够到为准，高度一般在距地500～700 mm之处。水平扶手通常距地700 mm，竖向扶手设置在距坐便器先端200 mm左右的前方。自动操作控制盘距地800 mm左右（图2-25）。

图2-25 坐便器

④ 蹲便器的尺寸：使用蹲便器时，腿和脚部的肌肉受力很大，时间稍长会感到累和腿脚发麻，而且蹲上、蹲下对一些病人和老人来说很吃力，甚至有危险。但蹲姿被认为最有利于通便。男、女蹲着时两脚位置有一定差别，女性由于习惯和受衣服的限制，两脚要比男性靠拢些。兼顾两者的关系，蹲便器的宽度一般为270～295 mm，过宽会使双脚受力不稳，使人感到吃力。低水箱选择角形的比较节省空间。手纸盒的高度为380～500 mm（图2-26）。

⑤ 小便器的尺寸：家中男性多时设置小便器会很方便，可免去小便时容易污染坐便器的缺点，并且能节约冲洗用水。小便器分悬挂式和着地式两种，悬挂式小便器的便斗高些，通常也可相对小些，有儿童时最好用着地式小便器。一般便斗的上缘距地高度应在530 mm以下，太高在使用上会感到不便，若兼顾儿童和成人共同使用，便斗的高度可降低到240～270 mm。小便器的宽度中型为380 mm，大型为460 mm。小便器的尺寸一般是350 mm×420 mm，儿童小便器略小（图2-27）。

⑥ 洗手池的尺寸：从卫生要求出发，便后应该洗手。现代卫生间为了使用方便常把洗脸池或洗脸化妆台从厕所中分离出来，因此，独立式厕所中需要另设一个小型的洗手池。因洗手池的功能单纯，造型较为自由，形体也可小些。一般池口的尺寸为：横向300 mm，进深220 mm左右。也可做得更小些，例如在低水箱的上部设洗手池等，以节约空间和用水量。由于洗手人不必俯身，所以一般洗手池可比洗脸池高一些，距地760 mm或更高一点。洗手时所需的空间大小一般为：前后600 mm，左右500 mm。毛巾挂钩距地1 200 mm左右较为适宜，并应尽量设在水池旁，以免湿手带水弄湿地面（图2-28）。

图 2-26 蹲便器

图 2-27 小便器

图 2-28 洗手池

⑦ 洗脸化妆室的设备尺寸：洗脸池的高度是以人站立、弯腰时双臂屈肘平伸的高度来确定的。男女之间有一定差别，一般以女子为标准。洗脸池太高时，洗脸时水会顺着手臂流下来，弄湿衣袖；太低则使弯腰过度。由于现代的洗脸设备多数已由单个洗脸池变成带有台板的洗脸化妆台，因此，其高度还应兼顾坐着化妆和洗发等的要求。

一般洗脸池和化妆台的上沿高度为 720～780 mm，我国北方人平均身高较高，该地区的洗脸池和化妆台的上沿高度可提高到 800 mm 以上。洗脸时所需动作空间为 820 mm×550 mm。洗脸时弯腰动作较大，前方应留出充足的空间，与镜或壁的距离至少在 450 mm 以上，所以，一般水池部分的进深较大，化妆台部分则可相应窄些。洗脸池左、右离墙太近时，胳膊动作会感到局促，洗脸池的中心线至墙的距离应保证在 375 mm 以上。

洗脸池的大小主要取决于池口，一般横向宽些有利于手臂活动。例如，小型池口尺寸为 285 mm（纵）×390 mm（横），大型池口尺寸为 336 mm（纵）×420 mm（横）等，深度为 180 mm 左右，一般容量为 6～9 L。洗脸池兼作洗发池时，为适合洗发的需要，水池要大和深些，池底也要相对平些，小型的池口为 330 mm（纵）×500 mm（横），大型的池口为 378（纵）×648 mm（横），深度为 200 mm 左右，容量为 10～19 L。

新型的洗脸化妆设备把水池和储存柜结合起来，形成洗脸化妆组合柜。柜体的进深与高度基本固定，面宽比较自由。面宽较大时可设两个水池，例如一个洗脸池、一个洗发池，两水池之间应保持一定距离，中心线间的距离在 900 mm 以上。

⑧ 洗衣机、清洗池的尺寸。洗衣机分双缸半自动和单缸全自动两类，各个厂家产品的尺寸有所不同。干燥机置于洗衣机上时较为节省空间，也可置于一旁。干燥机与洗衣机上下组合时，一定要考虑洗衣机操作时的必要空间，防止上方碰头或打不开洗衣机盖。洗衣机一般置于洗脸间的布局很多，必须设计好给排水系统。

清洗池在家庭生活中是很需要的设备。使用洗衣机前的局部搓洗、刷鞋、洗抹布等，都希望有一水池与洗脸池区别开来。清洗池一般深一些，以便放下一个搓衣板，旁边若带一平台，将有利于顺手放置东西，是较为理想的设计。

3. 卫生间的造型及色彩设计

以上分门别类详细论述了卫生间的设备及人在其中使用活动的尺寸，可以看出一个合理的卫生间首先要把人在其中的活动安排得当、紧凑。除此之外，如果想使卫生间有特点、美观、大方，还应当在装修材料的选择及照明、色彩等方面进行详细的设计。下面对卫生间的造型及色彩设计进行介绍：

（1）卫生间的造型设计。卫生间的造型一般通过以下几种方式来实现：

① 装修设计，即通过围合空间的界面处理来体现格调，如地面的拼花、墙面的划分、材质的对比、洗手台面的处理、镜面和边框的做法以及各类储存柜的设计。

装修设计应考虑所选洁具的形状、风格对卫生间的影响，应相互协调，同时在做法上要精细，尤其是在装修与洁具相互衔接的部位时，如浴缸的收口及侧壁的处理、洗手化妆台面与洗手池的衔接处理，精细巧妙的做法能反映卫生间的品格。

② 照明方式。卫生间虽小，但光源的设置却很丰富，往往有2～3种色光及照明方式综合作用，形成不同的气氛，起着不同的作用。

（2）卫生间的色彩设计。卫生间的色彩与所选洁具的色彩是相互协调的，同时材质起了很大的作用。通常卫生间的色彩以暖色调为主，材质的变化要利于清洁及考虑防水，如采用石材、面砖、防火板等。在标准较高的场所也可以使用木质材料，如枫木、樱桃木、花樟等（图2-29）。

还可以通过艺术品和绿化的配合来点缀，以丰富色彩变化。

图 2-29　卫生间（三）

任务拓展

针对不同年龄段人群的卧室设计各有什么特点？

任务三　家务活动区域住宅空间设计

任务导读

厨房空间属于家务活动区域，是提供人们烹调和清洗食物的场所，一般放置油盐酱醋等不同调料、抽油烟机、各种灶具、便捷生活的各类小电器，因此，厨房经常被称为"住宅的心脏"。

储物空间就是对室内各类物品进行收纳、储存的空间，使室内空间各分区整洁、统一、有序而不杂乱。储物空间的出现，最大限度地满足了人们对整洁、优雅、舒适的生活环境的渴望。

一、厨房空间设计

1. 厨房功能空间分析

厨房的功能，可分为服务功能、装饰功能和兼容功能三大方面。其中服务功能是厨房的主要功能，是指作为厨房主要活动的备餐、洗涤、存储等。厨房的装饰功能，是指厨房设计效果对整个住宅空间设计风格的补充、完善作用；厨房的兼容功能主要包括可能发生的洗衣、沐浴、交际等活动。通常，应在厨房中建立三个工作中心，即储藏和调配中心、清洗和准备中心及烹调中心。

厨房中的活动内容繁多，如不能对厨房内的设备布置和活动方式进行合理的安排，即使采用最先进的设备，也可能使主人在其中来回奔波，既没有保证设备充分发挥作用，又使厨房显得杂乱无章。经过精心考虑、合理布局的厨房与其他厨房相比，完成相同内容的家务活动的劳动强度、时间消耗均可降低1/3左右。

2. 厨房的基本类型

在进行厨房室内布置时，必须注意厨房与其他家庭活动的关系。因为厨房不仅具有多种功能，而且可根据其功能将它划分为若干不同的区域。厨房的布置要关注厨房与其他空间的渗透、融合。换句话讲，在现代住宅中，厨房正逐步从独立厨房空间向与其他空间关联、融合转变。厨房的活动功能不仅是简单的做饭烧菜，更重要的是能和就餐、起居和其他家庭活动融合。

厨房的基本类型可分为两大类，即"封闭型"和"开放型"（图2-30、图2-31）。

厨房的四大活动空间包括：烹调空间（K）、洗涤等其他家务活动空间（U）、就餐空间（D）和起居空间（L）。这四种空间可组合定义不同的厨房，比如K型独立式厨房、UK型家务式厨房、DK型餐室式厨房、LDK型起居式厨房。

图2-30　开放型厨房　　　　　　　　图2-31　封闭型厨房

3. 厨房的环境治理

在住宅空间有关室内环境质量的问题中，室内空气污染是首要关注的。一方面，室内空气不经常流通，其污染程度比室外严重。人们通常认为室外空气污染比室内严重，特别是生活在工业区的人们，总担心室外污染的空气进入室内造成危害，因此，经常紧闭门窗，以减少室内空气流通，其实经过实地监测，情况恰恰相反。另一方面，厨房有害物对室内的污染是相当严重的。人们通常认为液化石油气及天然气是一种清洁燃料，事实并非如此。使用液化石油气、天然气造成的污染比使用一般的燃煤还要严重。

目前对厨房的环境治理,简单可行的办法是结合住宅建设的实际,改进厨房的室内设计方式,设置厨房空气清新去污的管道,使污染气体及有害物质能随时由专用风道排出室外,并可使室内通风与厨房、厕所的通风分路进行,不互相混杂。随着科技的不断发展,厨房环境治理会出现新的有效办法,例如直接改变燃料的构成、使用太阳能等。

4. 厨房的设计准则

（1）交通路线应避开工作三角区;

（2）工作区应配置齐全、必需的器具和设施;

（3）从厨房往外眺望的景色应是欢乐愉快的;

（4）工作中心要包括储藏中心、准备和清洗中心、烹调中心;

（5）工作三角区的长度要小于 6 m 或 7 m;

（6）每个工作中心都应设有电插座;

（7）每个工作中心都应设有地上和墙上的橱柜,以便储藏各种物资;

（8）应设置无形和无眩光的照明,并应能集中照射在各个工作中心处;

（9）应为饮食准备活动提供良好的工作台面;

（10）通风良好;

（11）炉灶和电冰箱间最低限度要隔有一个柜橱;

（12）设备上门的安装高度,应避免开启时碰到工作台的情况发生;

（13）柜台的工作高度以 90 cm 左右为宜。桌子的高度应为 76 cm 左右。应将地上的橱柜、墙上的柜橱和其他设施组合起来,构成一种连贯的标准单元,避免中间有缝隙,或出现一些坑洼和突出部分。

二、储物空间设计

1. 储存空间的功能分析

近些年来,我国城乡人民的生活水平有了大幅度的提高,各种新型的电器、设施以及成套家具和日常生活道具已经不断地进入千千万万个家庭。新东西的买入、旧东西的淘汰已成为大多数家庭环境改变的必然规律。但淘汰并不等同于扔掉,一方面许多东西虽然陈旧,但尚有使用价值,另一方面在感情上这些旧的家具或器物往往记录着一个家庭的历史,记录着过去的岁月和故事,因此,人们常常将它们储存或珍藏起来,久而久之必然会使住宅中的家具和物件填充系数越来越高,这不仅会给住宅活动带来诸多不变,也会形成视觉上的不良效果,影响室内环境。

在日常生活中,住宅空间中有许多生活必需但又影响环境的东西,如柴、米、油、盐,待清洗的衣物以及用于清洁的工具等,需要设计空间把它们储存起来以便寻找,使家庭环境得到美化,不至于杂乱无章。同时,家庭环境和自然规律一样也存在四季的更替变换,随着季节的变换,人们生活中的日常用品、衣物、床上用品等也发生着变化。如夏天到了,冬天的棉被被更换成轻薄的毛巾被,那么这些被褥应有一个空间来存放;冬天到了,夏天的雨伞、雨鞋之类也应有一个空间来存放（图 2-32）。

图 2-32　储物室

综上所述，可以看出一个家庭无论从家庭日常生活的各使用功能方面，还是从美化家居环境的要求方面，都需要一定比例的储存空间。从现代住宅空间设计的分析及趋势来看，合理地设置储存空间是一个很重要的问题。而从住宅空间设计的角度来看，挖掘现有空间潜力，对那些被人们忽视的空间加以合理利用，以提高其空间使用效率就显得更加重要。

2. 合理利用被忽视的空间

住宅是一种大规模工业化的产品，规范化带来的诸如施工便捷、规模化、产品化等优点适应了社会日益增长的需求，同时也带来了呆板僵化等弊病，如空间层高单一、使用效率不高等问题，这些都对住宅空间设计提出了新的课题，要求人们在住宅空间设计阶段，因地制宜，充分利用空间解决好储物问题。具体地说，就是在不影响人们正常活动所需空间的前提下，满足人们储存日常生活的各种用品的需要。所谓被忽视的空间，是指那些设计师留给人们的未被家庭活动影响，又没有实际价值的边边角角的空间部分，以及那些被家具占用而浪费了的空间，如走廊的顶部，沙发、床的下部这些人们平常活动时难以接触到的部位。应当向这些部位要面积、要空间。开发利用这些空间首先遇到的问题，就是如何发现这些易被忽视的空间。人们常常将这些空间归纳为三种类型：一是可重叠利用而未加利用的空间；二是在室内布置家具设备时形成的难以利用而闲置的角落；三是未被利用的家具空腹。

因此，在发掘过程中应当朝上看、朝下看、朝每一个方向看，不能轻易放弃任何一个角落，不能放过任何一件可被利用的物品，在不影响家居中人的正常活动的基础上，使室内储物空间获得实质性的增加。

（1）楼梯的下部、侧部和端部。在住宅中楼梯的存在，解决了室内垂直交通问题，好的楼梯还赋予室内空间形式美感。但楼梯同时占去了立体的空间，而且形成了难以进行日常活动的角落。可以巧妙地利用这些角落。若利用合理，往往能形成丰富的视觉变化。

（2）走廊的顶部。由于工业化生产的要求，住宅的室内空间在标高上是统一的，居室、卧室、卫生间、走廊等都是一样的高度，而走廊部位人们仅用于解决交通问题，它的高度就显得不必要，甚至多余，我们可以利用顶柜来处理走廊顶部的空间。一方面用来储物，另一方面用来改善尺度，形成空间对比。

（3）开发家具的多功能性。家具的多功能性表现在其本身的功能与利用其空腹作为储存空间所表现出的多种用途上，如沙发的底部、床架的底托部分可以用来储存过季的衣物。这些部位所储存的物品大多是不频繁使用的东西，否则将给使用带来一系列问题。同时还应注意具备这种储存功能的家具往往是位置比较固定的。

3. 储存空间的设计

合理地安排收置日常用品并非一件易事，所以需要掌握一些专门技巧。虽然任何人从理论上讲，都具有储物的条理性，而现实中常常可以看到：厨房中的柜架上被塞满许多凌乱无用的东西；卧室里的衣柜中各个季节的衣物与常用的衣物堆积在一起；卫生间的洗手台面上凌乱不堪地码放着日用清洁品、化妆品等现象。所以，对储物空间的设计应进一步分析，归纳其条理性与合理性，从而创造多种储藏技巧。只有掌握了这些技巧，使各类杂物既得以妥善收置又方便使用，才会使生活空间变得更为舒适、方便，更有情趣。

设计储存空间时应认真分析、推敲如下几方面，以使设计方案全面、合理、细致：

（1）储存的地点和位置。储存的地点和位置直接关系到被储物品的使用是否便利、空间使用的效率是否高。例如，书籍的储存地点宜靠近经常进行阅读活动的沙发、床头、写字台，而且位置应使人方便拿取；化妆、清洁用品的储存地点宜靠近洗手台面、梳妆台面，并且使人能在洗脸和梳妆时方便地拿到；调味品的储存地点宜靠近灶台及进行备餐活动的区域；衣物的储存（特别是常用衣物的储存）地点应靠近卧室。

（2）储存空间的利用程度。利用程度即储存空间的使用效率，指任何一处储存空间利用得是否充分、物品的摆放是否合理。任何一个储物空间其使用主体是储存的物品，因此，储存空间应根据物品的尺寸、形状来决定物品存放的方式，以便节约储存空间。例如，鞋类的储存空间的搁板应根据鞋的尺寸、形状来设计，以便更多地储存鞋；对于衣物的储存应结合各类衣物的特点和尺寸来选择叠放、垂挂的方式；对于餐具的储存则应认真分析各类餐具的规格、尺寸、形状以决定摆放形式。

（3）储存的时间性。时间性有两方面的含义，一方面是指对被储存物品的使用周期的考虑，是季节性的还是周期性的，或是永久性的，据此可以决定物品存放于何处，同时对物品的取放是否容易有决定性的作用；另一方面，对于需要经常搬迁的家庭来说，储存空间要考虑暂时性，最好是能方便地拆除和搬动，而不宜固定死嵌于空间围合体上。而对于不经常搬家的家庭，则要考虑储存空间的永久性，如固定于墙面"顶天立地"的壁柜、走廊里的顶柜、厨房里的吊柜等。这些储存空间如果设计合理，不仅可以弥补房间功能上的不足，其大小形状还可以随心所欲地变化，以适应不同居住者的生活习惯和不同空间的尺度。

（4）储存空间的形式。储存空间的形式多种多样，但从类型上来分，可以归纳为开敞式和密闭式两种。密闭式储存空间往往用来存放一些实用性较强而装饰性较差的物品，如壁柜用来存放粮油、工具；衣柜用来存放四季的衣物、被褥；走廊的顶柜用来存放旧的物品等。这类储存空间的实用性很强，往往要求有较大的尺度，使用的装饰材料也较普通。开敞式储存空间则用来陈列摆设具有较强装饰作用或值得炫耀的物品，如酒柜用来陈列种类繁多、包装精美的酒具和美酒；书柜则用来展示丰富的藏书以及各类荣誉证书等。这类储存空间讲求形式、材质，甚至需要搭配与之相符的照明灯光，是住宅装饰设计中的重要部分。

任务拓展

常见的餐厅与厨房空间组合方式有哪些？设计时应注意哪些问题？

任务四　附属活动区域住宅空间设计

任务导读

从建筑艺术和美学的角度看，楼梯是视觉的焦点，也是彰显主人个性的一大亮点。楼梯设计应兼顾安全性、舒适性、美观性、环保性等。

庭院设计是住宅空间设计的有机组成部分之一，庭园应与周边环境协调一致，与室内装饰风格互为延伸，过渡自然。

一、楼梯设计

楼体设计分为居住建筑中的楼梯设计和公共建筑中的楼梯设计两部分。

1. 居住建筑中的楼梯设计

在复式和跃层住宅的起居室里,最引人注目的往往是楼梯。在楼梯设计中,合理利用空间、巧妙地选择装饰,可使居室产生最佳的装饰艺术效果,既能满足人们使用功能的要求,又可以给人美的享受。从功能上讲,作为垂直交通的工具,楼梯将层与层紧密地联系在一起,但除了满足实用功能之外,还应该把它作为一件艺术品来设计。

根据住宅规范的规定,套内楼梯的净宽当一边临空时不应小于 0.75 m;当两侧有墙时,不应小于 0.90 m。这一规定就是搬运家具和日常物品上、下楼梯的合理宽度。此外,套内楼梯的踏步宽度不应小于 0.22 m,高度不应大于 0.20 m,扇形踏步转角距扶手边 0.25 m,宽度不应小于 0.22 m。当楼梯设计出来后,起居室的设计也会因此发生很大的变化,因为楼梯是具有一定坡度的,有坡度就具备动感,所以,在起居室里显得非常抢眼,因此,楼梯在住宅空间设计中的位置就显得非常独特(图 2-33、图 2-34)。

图 2-33　楼梯(一)

图 2-34　楼梯(二)

2. 公共建筑中的楼梯设计

公共建筑楼梯的数量、位置、宽度和楼梯间形式应满足使用方便和安全疏散的要求。

墙面至扶手中心线或扶手中心线之间的水平距离即楼梯梯段宽度。楼梯梯段宽度除应符合防火规范的规定外，供日常主要交通用的楼梯的梯段宽度应根据建筑物使用特征，按每股人流为 0.55+（0~0.15）m 确定，并规定两股人流最小宽度不应小于 1.10 m。这对疏散楼梯是适用的，而对平时用作交通的楼梯不完全适用，尤其是人员密集的公共建筑（如商场、剧场、体育馆等）的主要楼梯应考虑多股人流通行，使垂直交通不造成拥挤和阻塞现象。如此，人流宽度按 0.55 m 计算是最小值，实际上人体在行进中有一定摆幅和相互间空隙，因此本条规定每股人流为 0.55 m+（0~0.15）m，0~0.15 m 即人流众多时的附加值，单人行走楼梯的梯段宽度还需要适当加大。

梯段改变方向时，扶手转向端处的平台最小宽度不应小于梯段宽度，并不得小于 1.20 m，当有搬运大型物件需求时应适量加宽。每个梯段的踏步不应超过 18 级，也不应少于 3 级。

楼梯平台上部及下部过道处的净高不应小于 2 m，梯段净高不宜小于 2.20 m。

楼梯应至少于一侧设扶手，梯段净宽达 3 股人流时应两侧设扶手，达 4 股人流时宜加设中间扶手。内楼梯扶手高度自台阶踏步前缘线量起不宜小于 0.90 m。靠楼梯井一侧水平扶手长度超过 0.50 m 时，其高度不应小于 1.05 m。台阶踏步应采取防滑措施。

托儿所、幼儿园、中小学及少年儿童专用活动场所的楼梯，梯井净宽大于 0.20 m 时，必须采取防止少年儿童攀滑的措施，楼梯栏杆应采取不易攀登的构造，当采用垂直杆件做栏杆时，其杆件净距不应大于 0.11 m（图 2-35）。

图 2-35 楼梯（三）

二、庭院设计

庭院设计即借助园林景观规划设计的各种手法，使住宅中庭院环境得到进一步的优化，满足人们的各方面需求。如果想取得与专业园林设计师的作品相媲美的效果，就需在庭院设计中注意以下两个方面。

1. 整体统一性

以别墅中的庭院为例（图2-36），庭院设计的整体统一性包括三个方面：

（1）庭院应与周边环境协调一致，对能利用的部分尽量借景，对不协调的部分想办法进行视觉遮蔽。

（2）庭院应与别墅浑然一体，与室内装饰风格互为延伸。

（3）院内各组成部分有机相连，过渡自然。

2. 视觉平衡

庭院的各构成要素的位置、形状、比例和质感在视觉上要适宜，以取得视觉平衡，这类同于绘画和摄影的构图要求，只是庭院是三维立体的，而且可多视角观赏。在庭院设计上还要充分利用人的视觉假象，如在近处的树比远处的体量稍大一些，会使庭院看起来比实际大。

图2-36 庭院

（1）动感。多观赏点的庭院引导视线往返穿梭，从而形成动感，动感取决定于庭院的形状和垂直要素（如绿篱、墙壁和植被）。例如，正方形和圆形区域是静态的，给人宁静感，适合用作座椅区；两边有高隔的狭长区域则让人急步趋前，给人神秘感和强烈的动感。不同区间的平衡组合，能调节出各种节奏的动感，使庭院独具魅力。

（2）色彩。色彩的冷暖感会影响空间的大小、远近、轻重等。随着距离变远，物体固有的色彩会深者变浅淡，亮者变灰暗，色相会偏冷偏青。应用这一原理，可知暖而亮的色彩有拉近距离的作用，冷而暗的色彩有收缩距离的作用。在庭院设计中把暖而亮的元素布置在近处，把冷而暗的元素布置在远处，可以增大庭院的景深，使庭院显得更为深远。

任务拓展

在庭院设计中需要注意哪两方面？

UNIT THREE

项目三 住宅空间设计要素

项目目标

学习任务	知识目标	技能目标
任务一 室内空间	了解室内空间的功能、类型及室内空间序列	能够进行室内空间设计
任务二 室内界面	了解室内界面的要求和功能要点、各界面的处理方式	能够进行室内界面设计
任务三 室内陈设与绿化	了解室内陈设品的类型，熟悉室内陈设品的选择与布置、室内绿化的作用、室内绿化的布置方式	能够进行室内陈设品设计
任务四 室内色彩	熟悉色彩搭配形式及色彩搭配设计方法	能够进行室内色彩设计
任务五 室内照明	掌握照明设计的基本要求	能够进行室内照明设计

任务一 室内空间

任务导读

室内空间是指室内的物质，如人、家具、器具、环境等存在的客观形式，是由室内界面，包括墙、柱、顶棚、地面等划分并限定出来的范围和区域。有无顶盖是区别室内空间与室外空间的主要标志。具有地面（楼面）、顶棚、墙面三要素的空间属于典型的室内空间；不具备这三个要素的，为半开敞、开敞等不同层次的室内空间。

一、室内空间的功能

室内空间的功能包括物质功能和精神功能。

室内空间的物质功能是指室内空间的家具摆设、交通组织、消防安全等与人的生活息息相关的基本使用功能。由于室内空间的使用性质和特点不同，各类建筑的室内空间的物质功能也不同。设计师在设计时首先应该明确室内空间的使用性质，也就是"功能定位"；分析空间的使用性质，明确设计对象的物质功能和精神功能，并将二者紧密地联系在一起；另外，在满足物质功能的需要后，还应该考虑功能的可持续发展性。技术的革新带来室内空间设计的变化，网络化、智能化带来家具功能和形式上的变化，同时也带来空间分隔上的变化。

室内空间的精神功能是指在满足物质功能的基础上，在满足人们实际需求的同时，还要满足人的文化需求、心理需求，满足人对精神生活的追求，并体现在空间形式的处理和空间的塑造上，创建与物质功能相符合的室内环境氛围，使人们获得精神上的享受。

室内空间的精神功能必须与它的物质功能相适应。如住宅是人们生活休息的场所，应以营造温馨、亲切的气氛为主，给人一种温暖宁静的感觉；而纪念性建筑如博物馆、纪念堂等，则应重点营造出一种庄重、严肃的气氛，以鼓舞、教育、励志为主要功能。

二、室内空间的类型

1. 开敞空间与封闭空间

开敞空间是一种强调与周围空间环境交流、渗透的外向型空间，空间界面围合程度低，可以是完全开敞或相对开敞（图3-1）。封闭空间是用限定性较高的界面围合起来的独立性较强的空间。封闭空间在视觉、听觉等方面具有很强的隔离性，有利于排除外界各种不利影响和干扰（图3-2）。

开敞空间和封闭空间是相对而言的，开敞的程度取决于有无侧界面、侧界面的围合程度、开洞的大小及启用的控制能力等。开敞空间和封闭空间也在一定程度上互相融合，如介于两者之间的半开敞空间和半封闭空间。它取决于房间的使用性质和周围环境的关系，以及视觉上和心理上的需要。

封闭空间给人以沉闷、呆板的拒绝感，一般在不影响封闭功能的情况下，常利用玻璃窗或镜面扩大空间和增加空间层次感，打破其严肃性。在通常情况下，大面积的空间范围要结合空间的开敞性与封闭性的需要，考虑整个空间序列。

图3-1 开敞空间

图3-2 封闭空间

2. 动态空间与静态空间

动态空间又称流动空间，具有空间的开敞性和视觉的导向性，界面组织具有连续性和节奏感，空间构成形式多样，富有变化，多以运动着的物体或人流、变化着的画面、闪烁的灯光、动感的音乐等动态因素来体现。动态空间通过视觉、听觉的引导和空间内人及部分设施的运动，形成动感丰富的空间形式（图3-3）。人长时间处于动态空间会产生烦躁不安、情绪波动的状况，因此，需打造出静态空间以进行缓解。动静结合才符合人们正常的生理需要。

静态空间相对稳定，空间限定度较高且封闭性较强，常采用对称式和垂直水平界面处理；空间构成比较单一，视觉多被引到一个方位或一个点上，空间较为清晰、明确。静态空间设计中常用对称式、向心式、离心式等构图方法进行设计，易形成安宁、平衡的静态效果（图3-4）。

图3-3　动态空间（暴露结构的斜撑使空间静中有动）

图3-4　静态空间（顶棚、墙面以对称方式构图，使空间显得非常宁静）

3. 虚拟空间与虚幻空间

虚拟空间是指在已界定的空间内通过界面的局部变化再次限定的空间，如局部升高或降低地坪和顶棚，或以不同材质、色彩的平面变化来限定空间。此种手法在住宅空间设计中处于重要地位，且与其他空间限定的方法共同打造以实用性、功能性为主的空间。虚拟空间不是孤立的，它存在于整体的空间之中，在设计时要充分把握设计手法，利用各种现代科技手段及新型装饰材料，并可以借助绿化、家具、陈设品、水体、色彩、材质、灯光等进行象征性的分隔，营造出一种朦胧的相互交叠、互相渗透的合理空间（图3-5）。

虚幻空间是指通过室内镜面反射，把人们的视线带到镜面背后的空间。利用镜面可以产生空间扩大的视觉效果。因此，在室内空间特别狭窄时，常利用镜面来扩大空间感，并利用镜面的幻觉装饰来丰富室内景观（图3-6）。

4. 地台空间与下沉空间

将室内地面局部抬高，边缘划分出的空间称为地台空间。被抬高的部分与周围环境形成鲜明对比，具有收纳性和展示性。处于地台上的人具有一种居高临下的优越感，视野开阔，趣味盎然。地台空间适用于吸引人注意的展示、陈列或眺望，如汽车、艺术品等产品展示。现代住宅的卧室或起居室可利用地面局部升高的地台布置床位，产生简洁而富有变化的室内空间形态。

下沉空间又称地坑，是将室内地面局部下沉，在统一的室内空间产生出一个界线明确、富于变化的独立空间。由于下沉地面标高比周围低，因此会产生隐蔽、宁静、安全的感觉，成为具有一定私密性的区域。根据具体条件和要求，可设计不同的下降高度，也可设置围栏保护，一般情况下，下降高度不宜过大，以免产生进入底层空间或地下室的感觉（图3-7）。

图 3-5 虚拟空间

图 3-6 虚幻空间

图 3-7 地台空间与下沉空间

5. 共享空间

共享空间一般在大型的公共场所中比较常见，目的是适应各种社会活动和休闲生活的需要，常具有多种使用功能，并配有多种公共设施，人们在此空间中活动可以得到物质上和精神上的满足（图3-8）。共享空间是一个运用多种空间处理手法特点的综合体系，它在空间处理上，大中有小、小中有大、内中有外、外中有内，相互穿插，融合各种空间形态，变则动，不变则静。单一的空间形态往往是静止的感觉，多重变化的空间形态就会形成动感。

共享空间的规模较大，内容也比较丰富，其最大的特点是将室外空间的特征引入室内，使室内外景色融为一体。

6. 母子空间

母子空间是对空间的二次限定，在大空间中用实体或象征性的手法分隔出小空间。母子空间将封闭与开敞空间相结合，既能满足空间功能的使用需求，又能丰富空间层次，形成大中

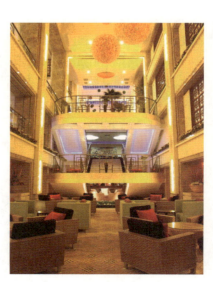
图 3-8 共享空间

有小、动中有静的空间效果。这样不但增强了空间的亲切感和私密感，而且更好地满足了人们的心理需求。母子空间常呈现为层中层、楼中楼、座中座的空间格局，适用于大空间中需要一定私密性区域的空间，如大餐厅中的包间，大舞厅中的小包厢等（图 3-9）。

三、室内空间序列

1. 空间序列的含义

空间序列是指空间环境先后活动的顺序关系。为了使空间的主题突出，应综合运用对比、重复、过渡、衔接、引导等空间处理手法，把各个空间按顺序、流线、方向等进行联系，把个别的、独立的单元空间组织成统一变化的复合空间。

图 3-9　母子空间

2. 室内空间序列的各个阶段

（1）起始阶段。序列的起始就像音乐的前奏，是室内空间序列设计的开端，具有足够的吸引力是本阶段的关键。首先应组织主要人流路线，对其他次要人流路线的处理应服从于主要人流路线，处理好室内空间与室外空间的关系，把人流路线导入室内，同时考虑其与后面空间的衔接。

（2）过渡阶段。过渡阶段是起始后的承接阶段，是高潮阶段的前奏，是整个序列中关键的一环。此阶段可以使用空间的引导和暗示的手法，让人流产生一种自然过渡的感觉，让人们不知不觉地从一个空间走到另一个空间。若空间序列较长，过渡阶段可以表现出若干不同的层次和变化，使之对高潮阶段产生引导、启示作用。

（3）高潮阶段。高潮阶段是全序列的中心，是整个室内空间序列设计的核心、精华和目的，是序列艺术的最高体现。此阶段是在众多空间层次的烘托、引导、过渡后形成的最精彩的场景，在设计时应充分考虑人们的心理和情绪。

（4）终结阶段。由高潮恢复到平静，恢复空间正常状态是本阶段的主要任务。良好的结束有利于对高潮阶段的追思和联想，耐人寻味。

3. 室内空间序列的设计手法

空间序列的不同阶段和文章一样，有起、承、转、合；和乐曲一样，有主题，有起伏，有高潮，有结束；和剧作一样，有主角和配角，有矛盾双方的对立面，也有中间人物。室内空间序列通过建筑空间的连续性和整体性，给人以强烈的印象、深刻的记忆和美的享受。良好的序列章法是靠每个局部空间的装饰、色彩、陈设、照明等一系列艺术手段的创造来实现的。因此，空间序列的设计手法非常重要。

（1）空间的导向性。空间的导向性是根据人们的心理和行为习惯，对人流进行引导和暗示，使人们按照一定的路径或者方向依次走进另一个空间。设计时可运用形式美学中各种韵律构图和具有方向性的形象作为空间导向性的手法，如连续的货架、列柱在装修中的方向性构成、地面材质的变化等，暗示或引导人们行动的方向和注意力。因此，室内空间的各种韵律构图和象征方向的形象性构图就成为空间导向性的主要手法。常使用的空间引导方式有以下几种：

① 顶棚、地面引导。在顶棚、地面的设计中，借助连续的图案、线条等带有方向性的图形，对人们的行进方向进行引导（图 3-10）。

② 墙面引导。以平面方向使墙面呈弯曲、波浪、锯齿状，通过特有的节奏和韵律吸引人们的注意力，将人们引导到某个确定的目标。墙面上的线条和连续的图案同样具有引导作用。

③ 楼梯引导。楼梯本身就具有一定的引导作用，可将人流从楼梯的一端引导到楼梯的另一端（图 3-11）。

图 3-10　地面引导　　　　　　　　　　图 3-11　楼梯引导

④ 空间分隔和指示物引导。空间中的隔断或者指示物本身就有着对空间的分隔和指示作用，借助布置在空间中的这些对象，可对室内空间的人流进行引导。

（2）视觉中心。在一定范围内引起人们注意的指示物称为视觉中心，它可视为在这个范围内空间序列的高潮。导向性只是将人们引向高潮的引子，最终的目的是将人们导向视觉中心，使人们领会到空间设计的意图。视觉中心一般设置具有强烈装饰趣味的物件标志，它既有被欣赏的价值，又在空间上有一定的吸引注视和引导作用。例如，在交通的入口处、转折点和容易迷失方向的关键位置一般会设置有趣的动静雕塑，如华丽的壁饰、奇异多姿的盆景等。

（3）空间构成的对比与统一。空间序列的全过程就是一系列相互联系的空间过渡。不同的序列阶段在空间处理上各有不同，形成不同的空间气氛，但又彼此联系，前后衔接，形成符合章法要求的统一体。空间序列的构思是通过若干相联系的空间，构成前后连续的空间环境，其构成形式随功能要求的不同而不同。如中国园林中的"山穷水尽""迂回曲折""豁然开朗"等空间处理手法，都是通过过渡空间将若干相对独立的空间有机地联系起来，并将视线引向高潮。

任务拓展

室内空间有哪些类型？

任务二　室内界面

> **任务导读**
> 室内界面通常是指室内的地面、墙面和顶棚。界面是由不同形体的形态表现出来的，常见界面的形态分为平面和曲面。平面包括垂直面、水平面和斜面，曲面包括弧形面、穹顶形面、螺旋面和自由面等。

一、室内界面的要求和功能特点

室内的地面、墙面和顶棚等界面，既有共同的要求，又在使用功能方面各有特点，如表3-1所示。

表3-1　室内各界面的共同要求及功能特点

部位	共同要求	功能特点
地面（包括楼面）	（1）耐久性高，使用期限长； （2）耐燃及防火（现代室内设计尽量不使用易燃材料，避免使用燃烧时会释放大量浓烟或有毒气体的材料）；	具有耐磨、防滑、防水、易清洁、防静电等性能
墙面（包括隔断）	（3）无毒（即散发的气体及触摸时的有害物质低于核定剂量）； （4）无害的核定放射剂量（如某些地区所生产的天然石材具有一定的氡放射剂量）；	挡视线，具有较好的隔声、吸声、保温、隔热等性能
顶棚	（5）易于制作安装和施工，便于更新； （6）具有必要的隔热保温、隔声吸声性能； （7）符合装饰及美观要求； （8）符合相应的经济要求	质轻，光反射率高，具有较好的隔声、吸声、保温、隔热等性能

二、各界面的处理方式

1. 地面

地面是人们直接接触最多的界面，无论是在视觉还是在触觉上均是最先被人所感知的。作为室内空间的平整基面，地面是室内环境设计的主要组成部分。地面的设计应在具备实用功能的同时，给人一定的审美感受和空间感受。

（1）地面的材质对空间环境的影响。

不同的地面材质给人以不同的心理感受，各种材质的综合运用、拼贴镶嵌，可充分体现室内居住者的性情、学识与品位，折射出个人或群体的特殊精神品质和内涵。

（2）地面装饰设计的要求。

① 必须保证坚固耐久和使用的可靠性。

② 应当满足耐磨、防潮、防腐蚀、防静电、防滑、防水等基本要求，具有一定的隔声、吸声性，以及弹性、保湿性。

③ 应满足视觉要求，使室内地面设计与整体空间融为一体，并为之增色。

（3）地面装饰类型。

根据用材的不同，地面装饰可分为大理石地面、木质地面、花岗石地面、水磨石地面、地砖地面、水泥地面、塑料地面等多种类型（图3-12、图3-13）。不同材质的地面具有不同的性能与效果，如石材类地面给人以光滑、整洁、坚硬的感觉，木材类地面给人以自然、亲切等感觉。

图3-12　多种材质的地面，丰富住宅空间

图3-13　木质地板与石材地面相结合

（4）地面装饰材质的用法、特点及作用。

① 水泥砂浆地面。将硅酸盐水泥与中粗砂按1∶2配比，加水混合，在原有地面上再抹一层，压平，磨光，用于铺地毯。

② 彩色缸砖地面。这种地面分为陶瓷釉面缸砖地面和全瓷粗面缸砖地面两种，皆可用水泥砂浆粘贴。陶瓷釉面缸砖地面用于起居室，有装饰美感；全瓷粗面缸砖地面用于厨房、浴厕，耐水防滑。

③ 陶瓷锦砖地面。此即马赛克地面，使用SG8407胶粘剂粘贴，可用于门厅、阳台、走道等处，在门厅铺设时可与地毯合用。

④ 彩色涂胶地毯。胶凝材料有两种形式：一是溶剂型合成树脂胶凝材料；二是水溶性合成树脂胶凝材料，或乳胶与水泥复合胶凝材料。这类材料具有价格低、工效高、自重轻、易维修、可更新等特点，适合普通型装修设计，也可用于厨房和阳台地面。

⑤ 拼花木地板地面。采用预制硬木条板，使用胶粘剂将其粘贴于地面，条板之间通过企口拼贴，拼贴之后再进行油漆。这种地板具有耐磨、蓄热、保温、弹性好、不老化、易保养、纹理美观、素雅大方等优点，其不足之处是易开裂，日久会出现不平整的现象。拼花木地板地面配合地毯，比较适合在卧室中使用。

⑥ 塑料地板地面。采用聚氯乙烯板做地面的面层装饰，具有外观整洁、行走舒适、柔软、消声除尘、易于清洗等优点，多用于运动场地的地面铺设；但这种材料的地面不耐久、易老化。按照材质区分，塑料地板可分为硬质、半硬质、软质和弹性等类型；在外形方面，又可分为卷装塑料地板和块状塑料地板两种。

2. 墙面

墙面与人们的视线垂直，在室内空间中所占的比例最大，对视觉具有较大影响。处理墙面的空间形状、纹理、质感以及色彩等各种因素之间的关系，是住宅空间设计的重要组成部分。无论用"加法"还是"减法"进行处理，墙面都是陈设艺术及景观展现的背景和舞台，对控制空间序列、创造空间形象具有十分重要的作用。

（1）墙面装饰设计的作用。

① 保护墙体。墙面装饰可减小室内空间中的潮湿空气对墙体的影响，从而延长墙体的使用寿命。

② 满足使用功能需求。墙面装饰具有吸声、降噪、隔热、保温等作用，能满足人们生活的使用功能需求。墙面装饰具有隔热、保温和吸声作用，能满足人们的生理需求，保证人们在室内正常地工作、学习、生活和休息。

③ 装饰空间。墙面装饰可以使室内空间美观、舒适，富有情趣，增添文化气息。

（2）墙面装饰设计的类型。

根据墙面装饰方法的不同，室内墙面装饰分为涂刷类装饰、抹灰类装饰、卷材类装饰、贴面类装饰、原质类装饰和综合类装饰等。

① 涂刷类装饰。它是室内墙面装饰中经常使用的类型之一，涂刷的材料有油漆、涂料、大白浆和可赛银等。

② 抹灰类装饰。抹灰类装饰可分为抹水泥砂浆、白灰水泥砂浆、罩纸筋灰、麻刀灰、石灰膏或石膏、拉毛灰、拉条灰、扫毛灰、洒毛灰和喷涂等。拉毛灰、扫毛灰、洒毛灰、喷涂等有较强的装饰性，属于装饰抹灰。

③ 卷材类装饰。用于装饰的卷材有塑料墙纸、墙布、皮革和人造革、丝绒等。

④ 贴面类装饰。贴面类装饰的材料主要有天然石饰面板、人造石饰面板、饰面砖、镜面玻璃、金属饰面板、塑料饰面板、木材、竹条等材料。

⑤ 原质类装饰。原质类装饰是最简单、最朴素的装饰方式，它是利用墙体材料自身的质地，不作任何粉饰的做法。原质类装饰的材料主要有砖、石、混凝土等。

⑥ 综合类装饰。墙面的装饰在实际使用中不可能分得很明确，有时同一墙面可能会出现几种不同的做法（图3-14）。应注意，在同一空间内的墙面装饰不宜过多过杂，且应有一种主导方法，否则容易造成空间效果的不统一。

图3-14　综合类装饰

3. 顶棚

空间的顶棚界面最能反映空间的形状及空间的高度变化。作为室内空间的一部分，其使用功能和艺术形态越来越受到人们的重视，对室内空间形象的创造有着重要的意义。

（1）顶棚的主要功能。

① 遮盖各种通风、照明、空调线路和管道。

② 为灯具、标牌等提供一个可载实体。

③ 创造特定的使用空间和审美形式。

④ 起到吸声、隔热、通风的作用。

（2）顶棚装饰设计的要求。

① 室内顶棚界面要具有轻快感。上轻下重是室内空间构图稳定的基础，所以，顶棚的形式、色彩、质地、明暗等处理都应充分考虑该原则。当然，特殊气氛要求的空间例外。

② 满足结构和安全要求。顶棚的装饰设计应保证装饰部分结构与构造处理的合理性和可靠性，以确保使用的安全，避免意外事故的发生。

③ 满足设备布置的要求。顶棚上部各种设备布置集中，特别是高等级、大空间的顶棚上部，通风空调、消防系统、强弱电错综复杂，设计中必须综合考虑，妥善处理。同时，还应协调好通风口、烟感器、自动喷淋器、扬声器等与顶棚的关系。

（3）常见的顶棚形式。

① 平顶式顶棚。其特点是顶棚呈现为一个较大的平面或曲面。这个平面或曲面可能是屋顶承

重结构的下表面，其表面用喷涂、粉刷、壁纸等装饰，也可能是用轻钢龙骨与纸面石膏板、矿棉吸声板等材料做成平面或曲面形式的吊顶。一般情况下，顶棚由若干个相对独立的平面或曲面拼合而成，在拼接处布置灯具或通风口。平顶式顶棚构造简单，外观简洁大方，适用于候机室、候车室、休息厅、教室、办公室、展览厅和卧室等气氛明快、安全舒适或高度较小的空间。平顶式顶棚的艺术感染力主要来自色彩、质感、风格以及灯具等各种设备的配置。

②井格式顶棚。由纵横交错的主梁、次梁形成的矩形格，以及由井字梁楼盖形成的井字格等，都可以形成很好的图案。在这种井格式顶棚的中间或交点布置灯具、石膏花饰或彩绘，可以使顶棚的外观生动美观，甚至表现出特定的气氛和主题。有些顶棚上的井格是由承重结构下面的吊顶形成的，这些井格的梁与板可以用木材制作，或雕或画，非常方便。

井格式顶棚的外观很像我国古建筑的藻井。这种顶棚常用彩画来装饰，彩画的色调和图案应以空间的总体要求为依据。

③悬挂式顶棚。在承重结构下面悬挂各种折板、格栅或饰物即构成悬挂式顶棚。采用这种顶棚往往是为了满足照明、声学等方面的特殊需求，或者追求某种特殊的装饰效果。在影剧院的观众厅中，悬挂式顶棚的主要功能在于形成角度不同的反射面，以取得良好的声学效果（图3-15）。很多商店均以钢板网格栅或者木质格栅作为顶棚的支柱，在室内空间中既起到了装饰作用，又可作为灯具的支撑点；有些餐厅、茶座以竹子或木方为主要材料做成葡萄架，形象生动，气氛十分和谐。

④分层式顶棚。电影院、会议厅等空间的顶棚常采用暗灯槽，以取得柔和均匀的光线。与这种照明方式相适应，顶棚可以做成几个高低不同的层次，即分层式顶棚。分层式顶棚的特点是简洁大方，与灯具、通风口的结合更自然。在设计这种顶棚时，要特别注意不同层次间的高度差，以及每个层次的形状与空间的形状是否协调。

⑤玻璃顶棚。现代大型公共建筑的大空间（如展厅、四季厅等），为了满足采光的要求，打破空间的封闭感，使环境更富情趣，除了把垂直界面做得更加开敞、通透外，还常常把整个顶棚做成透明的玻璃顶棚。玻璃顶棚直接受太阳的照射，较容易产生眩光和大量辐射热，而一般玻璃又较易损坏，在为玻璃顶棚选材时，应当根据需要选择钢化玻璃、有机玻璃、夹钢丝玻璃等（图3-16）。

图3-15　悬挂式顶棚

图3-16　玻璃顶棚

任务拓展

试搜集不同形式的顶棚设计案例，并分析其设计特点。

任务三　室内陈设与绿化

任务导读

陈设品通常是指用来美化或强化住宅空间视觉效果的、具有观赏价值或文化意义的物品。

陈设品是住宅空间的重要组成部分，一般理解为摆设品、装饰品，也可理解为对物品的陈设布置和装饰。陈设品的设计、选择与配置可反映居住者的爱好和生活情趣，同时，能够丰富空间层次并柔化空间，营造氛围，强化家居风格，在住宅空间设计中起着画龙点睛的作用。

陈设品的着眼点在于表达一定的思想内涵和精神文化，具有其他物质功能所无法代替的作用，对室内空间形象的塑造、气氛的表达、环境的渲染起着锦上添花的作用，是室内空间美化必不可少的一部分。

绿化通常是指种植物以改善环境的活动。绿化可以增加室内的自然气氛，是室内空间美化必不可少的另一部分。

一、室内陈设品的类型

室内陈设品从不同的角度，根据不同的方式可以分成不同的类型，从性质角度可以将其分为功能性陈设品和装饰性陈设品。

1. 功能性陈设品

功能性陈设品主要有灯具、织物、生活用品、文体用品、书籍杂志等（图3-17～图3-20）。

2. 装饰性陈设品

装饰性陈设品主要有艺术品、纪念品、收藏品、绿化物（观赏性植物）等（图3-21～图3-24）。

图3-17　水晶吊灯

图3-18　钢琴

图 3-19　幔帐

图 3-20　满柜书籍

图 3-21　艺术品

图 3-22　纪念品

图 3-23　收藏品

图 3-24　观赏花卉

二、室内陈设品的选择与布置

陈设品是丰富多彩的，选择陈设品首先要考虑其使用功能、造型风格、色彩质地，除此之外还要综合考虑室内空间风格、环境气氛、所表达的意境等。室内陈设品的布置首先应考虑空间功能，如可在茶几上放果盘，在餐厅内置酒具，在沙发边放杂志，在书房里放纪念品等。布置的过程还要与家居主题风格相协调，联系陈设品自身的逻辑关系，根据主题有序陈列。大空间放大物件，小空间放小物件，做到少而精，适可而止，考虑空间尺度的匹配性。对陈设品的色彩、材质和形体要从空间环境的整体考虑，是对比还是协调应根据需要而定。

室内陈设品的选择和布置，主要是处理好陈设品和家具之间的关系，陈设品之间的关系，以及家具、陈设品和空间界面之间的关系。由于家具在室内常占有重要位置和相当大的体量，因此，一般来说，陈设品围绕家具布置已成为一条普遍规律。室内陈设品的选择和布置应考虑以下几点。

1. 结合空间功能要求

任何一件室内陈设品都不是孤立存在的，在布置时要考虑其使用功能，同时也不能忽视个体装饰物与主体空间的内在联系。一幅画、一件雕塑、一副对联，它们的线条、色彩，不仅为了表现本身的题材，也应和空间场所相协调，只有这样才能反映不同的空间特色，形成独特的环境气氛，体现深刻的文化内涵，而不流于华而不实、千篇一律的境地。

2. 综合空间尺度比例

室内陈设品的整体造型及尺度都应该根据整体空间的不可变因素，再结合多数人体活动的最佳尺度要求进行设计，从而达到多样统一的完美效果。室内陈设品过大，常使空间显得小而拥挤；陈设品过小，又显得室内空间过于空旷，局部的陈设也是如此。例如，沙发上的靠垫过大，会使沙发显得很小；靠垫过小则又与沙发很不相称。所以，陈设品的形状、形式、线条应与家具和室内装修取得密切的配合，运用多样统一的美学原则达到和谐的效果。

3. 迎合空间色彩基调

对于任何一件室内陈设品而言，整体空间始终都是它的主宰者。在色彩上可以采取对比的方式以突出重点，或采取调和的方式，使家具和陈设之间、陈设品之间取得相互呼应、彼此联系的协调效果（图3-25）。

色彩还能起到改变室内气氛、情调的作用。例如，以无彩系处理的室内色调偏于冷淡，常利用一簇鲜艳的花或一对暖色的灯具，使整个室内气氛活跃起来。

图 3-25　室内陈设品的色彩与空间的协调

4. 贴合空间风格主题

室内陈设品存在的意义是使整体空间的主题更加突出，在选择与布置室内陈设品时，对于其自身风格与整体空间的设计是否匹配更应给予关注。巧妙的布置方式、稳定的平衡关系、空间的对称或非对称、静态或动态等因素，都起到重要作用。对于不同功能及设计风格的空间，只有与之相对应的陈设品，才能起到恰如其分的艺术烘托作用。

5. 室内陈设品的具体布置

（1）墙面陈设。墙面陈设是将陈设品悬挂、张贴、镶嵌在墙面上的陈设方法，墙面陈设的适用范围极为广泛，如书画、摄影、浅浮雕等；或小型立体饰物，如壁灯、弓、剑等；也可将立体陈设品放在壁龛中，如花卉、雕塑等，并配以灯光照明，也可在墙面设置悬挑轻型搁架以存放陈设品。

墙面陈设有对称式布置、非对称式布置和成组布置。对称式布置可以获得严谨、稳健、庄重的艺术效果，多用于具有中国传统风格或庄重严肃的室内空间；非对称式布置灵活多变，可以获得生动、活泼的艺术效果，运用较为广泛。当墙面上布置多个陈设品时，可以将它们组合起来，统筹布置，形成水平、垂直、三角形等构图关系。

（2）台面陈设。台面陈设是将陈设品摆放在各种台面上的展示方式。台面陈设是运用最广泛的一种陈设方式，台面主要包括办公桌、餐桌、茶几、会议桌以及略低于桌高的靠墙或沿窗布置的储藏柜和组合柜等。台面陈设一般均选择小巧精致、宜于微观欣赏的陈设品，并可按时即兴灵活更换。台面陈设品选用和桌面协调的形状、色彩和质地，能起到画龙点睛的作用，如会议室中的沙发、茶几、茶具、花盆等，需统一选购（图3-26）。

（3）落地陈设。大型装饰品，如雕塑、瓷瓶、绿化等，常落地布置在大厅中央，成为视觉的中心，也可放置在厅室的角隅、墙边或出入口旁、走道尽端等位置，作为重点装饰，起到视觉上的引导作用和对景作用。大型落地陈设品不应妨碍工作和交通线路的通畅（图3-27）。

图3-26　台面陈设

图3-27　落地陈设

（4）厨架陈设。厨架陈设是一种兼有储藏功能的展示方式，可集中展示多种陈设品。尤其当空间狭小或需要展示大量陈设品时，厨架陈设是最实用、有效的陈列方式。可将数量大、品种多、形色多样的小陈设品采用分格分层的搁板、博古架，或特制的装饰柜架进行陈列展示，这样可以达到多而不繁、杂而不乱的效果。布置时应注意同一厨架上陈设品的种类不宜过杂，摆放不宜太密集，以免产生杂乱、拥挤、堆砌之感。

（5）悬挂陈设。对于空间高大的厅室，常悬挂各种装饰品，如织物、绿化物、抽象金属雕塑、吊灯等以弥补空间空旷的不足，其有一定的吸声或扩散的效果；对于居室也常在角隅悬挂灯具、绿化物或其他装饰品，既不占面积又装饰了枯燥的墙面。

三、室内绿化的作用

室内绿化是室内空间美化的另一部分。绿色植物不仅有装饰作用，而且是提高环境质量、满足人们的心理需求不可缺少的因素。如今，人们越来越重视"以人为本"的设计，注重人与自然的结合。植物作为自然的一部分，被大量地运用到住宅空间设计中。室内绿化不仅能改善室内环境、气候，也是柔化空间、增添空间情趣的一种手段。

1. 净化空气，调解和改善室内气候

室内绿化的有效布置可通过植物本身的生态特性，起到调节气候、净化空气、减少噪声的作用。调节气候作用体现在通过光合作用对室内氧气进行补充，以及植物叶片的吸热和水分蒸发，对气温和相对湿度进行一定调节；净化空气作用体现在植物叶片吸附空气中的尘埃，并且某些特殊植物有特殊作用。已经证实，住宅内部一些有毒的化学物质可以被常青的观叶植物以及绿色开花植物吸收，如梧桐、棕榈、大叶黄杨等。

2. 组织设计空间

利用室内绿化可以分隔空间，形成虚拟空间，从而更好地实现其空间功能；还可利用绿化具有观赏性的特点，通过吸引人们的注意力，巧妙、含蓄地对空间起到提示与指向的作用；利用绿化还可使人的心理得到平衡，使自然融入空间环境中。如空间大的办公室既作为一个整体存在，同时又是由许多个体构成的，可以利用办公桌椅与屏风组织起来，围合成小型工作单元，在适当的地方配以植物装饰，即围合空间（图 3-28）。这样，既合理利用了空间，又丰富了空间。

图 3-28　围合空间

3. 美化环境，陶冶情操

植物自身具有优美的造型、丰富的色彩、不同的质感等，它所显示出的蓬勃向上、充满生机的力量，可促使人们热爱自然、热爱生活。室内绿化的布置可把这种自然美融入室内环境中，不仅使环境得到了绿化，而且对人的性情、爱好等都可进行一定的调节，起到陶冶情操、净化心灵的作用。

四、室内绿化的布置方式

室内绿化应根据不同的任务、目的和作用，采取不同的布置方式。可以从绿化本身的特征、室内的环境特征等角度考虑，但不管从哪个方面，在布置过程中都应考虑室内环境的整体装饰风格，要主次得当、协调统一。

1. 依照绿化本身的特征进行布置

绿化从欣赏角度可分为观花、观叶两种，其精神内涵以及给人的色彩感受都是不同的，在布置过程中，要根据环境要求进行选择布置（图 3-29）。另外，植物自身生长的姿态、特征也决定了布置的方式，如藤本植物与草本植物的布置方式不相同，可采用攀缘、吊挂、下垂、镶嵌等方式。独植适宜室内近距离观赏植物的形态、色彩，是室内绿化采用较多、较为灵活的形式。对植是指对称呼应的布置方式，其可呈现出均衡稳定的特征。

图 3-29　观叶植物

2. 依照室内环境的特征进行布置

（1）点式布置。这是指独立或组成单元集中布置植物的方式。作为室内环境的景点，它具有增加室内层次感和点缀空间的作用。在植物的选择上，要注意其形态、色彩、质地、植株大小，使其与空间构图、周围环境相协调，使点式布置清晰而突出（图 3-30）。

（2）线式布置。这是指绿化布置呈线状排列的布置方式。它可以是直线，也可以是曲线。线式布置的主要作用为组织室内空间，并且对空间有提示和指向作用（图 3-31）。

（3）面式布置。这是指植物在室内空间成片，形成面的布置方式。它给人以大面积的整体视觉效果，常用于内厅以及大面积的空间（图 3-32）。

（4）立体式布置。这是指将绿化植物在空间的三个方向上进行布置，成为具有立体形状的绿色形体，可以成为室内景园。这种布置形式配合山石、水景等，可创造出一种大自然的形态，多用于宾馆和大型公共建筑的共享空间（图 3-33）。

图 3-30　点式布置

图 3-31　线式布置

图 3-32　面式布置

图 3-33　立体式布置

任务拓展

搜集装饰性陈设品及室内绿化案例资料，并组织讨论。

任务四　室内色彩

任务导读

在住宅空间设计中，色彩搭配问题常常被认为是最难把握的问题。色彩搭配是基础性、整体性的问题，关系到住宅空间设计的整体效果。在进行住宅空间设计时，开始就要有一个整体的配色方案，以此确定装修色调和选择家具以及装饰品。本任务主要研究住宅空间设计中的色彩搭配问题。

一切色彩设计的根本在于人对色彩的感知。不存在纯粹独立的色彩，色彩会随着人的生理、心理因素以及形、色、光线等外界因素的影响而产生变化。成功的配色是结合人的生理因素、心理因素、色彩性质、形式、材质等多重设计因素的结果。

一、色彩的基础知识

色彩是人的视觉识别系统创造出来的感觉。如果人们看到的色彩只依赖于反射光的波长，那么光照和阴影稍有差异，物体的颜色就会随之剧烈变化。人的视觉识别系统能让物体的颜色在多变的环境中保持相对稳定。

色彩设计要求充分发挥色彩的艺术魅力和色彩的功能作用，为了达到此目的，设计师应充分了解不同对象的色彩欣赏习惯和审美心理。只有掌握了人们认识和欣赏色彩的心理规律，才能合理地使用色彩美化人们的生活。其中，有效利用色彩视错觉是达到此设计目的的重要手段。

每一种色彩都同时具有三种基本属性，即明度、色相和纯度。

（1）明度。各种能够呈现出色彩的物体，由于反射光量的不同而衍生出色彩的明暗强弱。色彩的明度有两种情况：一是同一色相的不同明度；二是各种不同色彩的不同明度（图3-34）。

（2）色相。色相即色彩的相貌或色彩的基本特征，区别各类色彩的相貌名称。色相是区别不同色彩的标准（图3-35）。

（3）纯度。纯度是解释色质的名称，也称为鲜度、彩度或饱和度（图3-36）。

图 3-34　明度

图 3-35　色相

图 3-36　纯度

二、空间色彩设计的基本要求

1. 满足功能要求

由于色彩能从生理、心理方面对人产生直接或间接的作用，从而影响人的工作、学习和生活，因此，色彩设计应充分考虑空间环境的性质、使用功能和精神功能等。例如，教学楼、办公楼是人们学习、工作的场所，在设计中，应充分考虑色彩对人们视觉的调节作用，色彩变化不宜过多，以柔和、明亮、淡雅的中性色构成室内简洁、明快、稳重的色调，营造出安宁、平静、轻松的色彩环境；商场、商店的主要作用是展示出售商品，色彩设计应以突出商品为目的，其界面、货柜架等的色彩应以简洁淡雅的中性灰色为主，并以此衬托色彩丰富、琳琅满目的商品；副食店鲜肉部的墙面不宜用红或偏红的色彩，因为色彩的对比与补色残像作用会产生绿色补色，使鲜肉看起来不新鲜。相反，若用浅绿色墙面，这样的对比可使鲜肉看起来更新鲜红润。

2. 符合形式美原则

色彩设计也应该遵循形式美的规律和法则，处理好统一与变化、节奏与韵律、平衡与稳定等关系。室内色彩的基调也称为主色调，是指空间的界面、家具以及陈设中，面积最大、感染性最强的色彩，它在室内空间的环境气氛中起决定性的作用，空间的冷暖、性格、气氛等都要通过主色调来体现；辅调是指与主色调相呼应的，在空间中起点缀、平衡作用的小面积的色彩。

基调是统一整个色彩的基础，辅调起着丰富、烘托、陪衬作用。一般来说，室内色彩的基调、辅调可分为三种形式：从色彩的明度讲，以明调为基调，以暗调为辅调；从色彩的纯度讲，以灰调为基调，以鲜调为辅调；从色相的冷暖讲，冷、暖两色互为基调或辅调。

3. 突出空间主角，反映材料本质

色彩设计除了要形成一定的独立、和谐的关系之外，更重要的是要创造一个和谐的背景环境，从而衬托出这个环境中的物体，突出空间的主角，体现居住者的性格、身份和爱好。

色彩设计是建立在材料色彩的基础上的，大部分材料的色彩是受限制的，因此，在设计时应充分考虑材料的色彩影响，尽量发挥材料材质的特点和自然美，不要过多地雕琢和修饰。

4. 符合民族习惯和环境特点

不同的民族有不同的用色习惯，有着禁忌和崇尚的用色。例如，在中国古代，黄色是统治者的专用色彩，它象征着威严与神圣。而在欧洲信仰基督教的国家，黄色是人们最忌讳的色彩，甚至会使人产生敌视情绪。

另外，气候条件也是色彩设计应考虑的一个重要因素。例如，在南方地区，由于气候炎热，室内的色彩大多以冷色调为主；而在北方地区，气候寒冷，室内色彩大多偏暖色。

三、空间色彩搭配设计方法

空间色彩的搭配分为弱对比色搭配和中对比色搭配。弱对比色搭配方法包括同类色搭配法和邻近色搭配法；中对比色搭配方法包括类似色搭配法、中差色搭配法、对比色搭配法、互补色搭配法。配色参考图如图3-37所示。

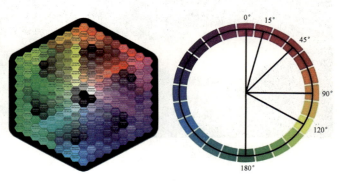

图3-37 配色参考图

1. 弱对比色搭配

（1）同类色搭配法（0°）。室内空间色彩仅通过一种色相的不同明度或不同纯度变化而产生对比，形成搭配。其效果统一、协调、雅致、含蓄、稳重，但因其只应用了一种色相，易造成单调、乏味的效果。设计时应该合理规避这种弊端，完成色彩搭配（图3-38）。

（2）邻近色搭配法（30°左右）。室内空间色彩为弱对比类型，如红橙、橙色与黄橙色对比等。其效果相对统一、和谐、雅致、文静，但因其色相差别较小，也容易使人感觉模糊而单调，需调节明度差及纯度差来加强对比（图3-39）。

图 3-38　客厅（一）　　　　　　　　　　　　　　　　图 3-39　饭厅

2. 中对比色搭配

（1）类似色搭配法（60°左右）。其属于中度色彩搭配方法，类似于红色与黄橙色的对比。类似色搭配的效果较为丰富、明快，并且色相之间的对比较为柔和，其效果既统一又不失变化。

（2）中差色搭配法（90°左右）。相对于类似色搭配法，其效果更为响亮，如黄色与绿色搭配，效果明快、活泼、饱满，对比既有相当力度，但又不失协调之感（图3-40）。

（3）对比色搭配法（120°左右）。对比色搭配法属于效果较为强烈的搭配方法，如黄绿色与红紫色对比等。对比色搭配法效果强烈、醒目、有力、刺激。因色相效果反差过大，其不易统一，容易出现杂乱的效果，造成视觉疲劳（图3-41）。

（4）互补色搭配法（180°左右）。互补色搭配法属于色彩搭配中对比效果最为强烈的搭配方法，如红色与蓝绿色、黄色与蓝紫色的对比搭配。其效果炫目、极其有力，如搭配不当，易使人产生焦躁、不安、肤浅、粗俗等不良感觉（图3-42）。

图 3-40　客厅（二）　　　　　图 3-41　客厅（三）　　　　　图 3-42　客厅（四）

四、空间色彩设计应遵循的规律

空间色彩设计应遵循如下规律：

（1）根据空间使用的目的进行设计。不同的使用目的，如会所、酒店、居室等，有不同的色彩需求（图3-43、图3-44）。

（2）根据空间的大小形式进行设计。色彩可以按照空间不同的大小、形式进一步强调和削弱（图3-45、图3-46）。

（3）根据居住者的类别进行设计。居住者的年龄、性别、职业、性格不同，对色彩的要求也不同，配饰色彩应符合居住者的爱好和个性（图3-47、图3-48）。

（4）根据空间使用时间的长短和活动范围进行设计。不同的活动空间和工作内容，如工作室、家居卖场，需要不同的色彩和视线条件才能达到安全、高效、舒适的目的（图3-49）。

（5）根据空间的周边环境进行设计。色彩反射可以影响其他颜色，不同的环境色彩给人不同的视觉感受，所以，色彩应和周围环境取得协调（图3-50、图3-51）。

图3-43　会所（一）

图3-44　酒店（一）

图3-45　酒店（二）

图3-46　客厅（五）

图 3-47 客厅（六）

图 3-48 暖调空间

图 3-49 办公室

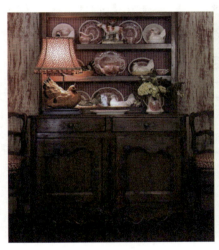
图 3-50 会客厅

图 3-51 会所（二）

五、设计案例：室内配色分析

室内配色分析如图 3-52、图 3-53 所示。

图 3-52 色调（一）

图 3-53 色调（二）

任务拓展

1. 如图 3-54 所示，客厅位于茶艺室和饭厅之间，茶艺室朝南，客厅大小为 7 m×4 m，请为其进行配色设计，绘制彩色效果图一张，并撰写 100 字左右的设计说明。

图 3-54　手绘效果图

2. 请根据图 3-55 所示的平面图及下述资料，为两户型住宅设计餐厅和儿童房，分别绘制平面布置图和彩色效果图，并撰写 300 字左右的设计说明。

户型一：朝东，儿童房的面积为 30 m²，餐厅的面积为 20 m²。

户型二：朝西，儿童房的面积为 15 m²，餐厅的面积为 15 m²。

儿童为 2 岁女孩。

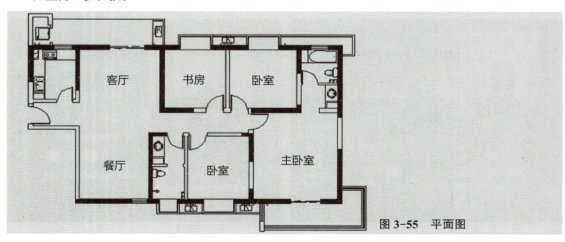

图 3-55　平面图

任务五 室内照明

任务导读

室内照明是对各种建筑环境的照度、色温、显色指数等进行专业设计。它不仅要满足室内亮度的要求，还起到烘托环境、气氛的作用。室内照明一般由设计师提出要求，电气工程师进行核算、调整。

室内照明是住宅空间设计的重要组成部分。在人们的生活中，光不仅是室内照明的条件，而且是表达空间形态、营造环境气氛的基本元素。要充分利用光的表现力对住宅空间进行艺术塑造，加强住宅空间环境的艺术感染力，满足视觉的心理机能。本任务主要讲述住宅空间设计中照明的分类和照明的作用。

一、照明的分类

照明是人类认识世界、改造世界的必备条件，有了光，人们可以看见世界、改造世界，所以，没有光的日子就是休息的日子。当然，我们也可以通过调整和改造照明来补充自然光的时间和空间缺陷。可以将室内照明分为天然采光和人工照明两大部分。

1. **天然采光**

（1）采光标准。

① 光气候。光气候是指室外光线的变化和影响它变化的一些气象因素。

② 天然光的组成。天然光由直接光和天空扩散光组成。

直接光：太阳光穿过大气层时，一部分透过大气层到达地面，称为直接光。它形成的照度高，并具有一定的方向，在物体背后出现明显的阴影。

天空扩散光：太阳光中一部分碰到大气层中的空气分子、灰尘、水蒸气等微粒，产生多次反射，形成天空扩散光。它使天空具有一定的亮度，这部分光形成的照度较低，没有一定的方向，不能形成阴影。

（2）采光口。

为取得天然光，在房屋的外围护结构（墙、屋顶）上设置各种形式的洞口，装上各种透明材料，如玻璃、有机玻璃等制作的窗扇，以防护自然界的各种侵袭（如风、雨、雪等）。这些窗扇的透明孔洞统称为采光口。

按采光口位置，可分为侧窗和天窗；同时采用侧窗和天窗，则称为混合采光。

（3）采光设计。

① 采光要求。不同的工作特点和所需要的精密度对室内照度的要求也不同，应根据这两个因素确定室内照度和窗地比。通风要求：采光与通风，哪个是主要矛盾，应依照房屋的性质而定；绝热要求：应适当控制窗口面积，避免窗口面积与实际需求不符的情况出现；泻爆要求：易引起爆炸危险的建筑，应设置大面积泻爆窗，从窗的面积和构造处理上解决减压问题，以减小爆炸压力，保证结构安全；立面要求：窗的形式与尺度直接关系到建筑的立面造型；经济要求：不同形式的窗，因其造价不相同，增大面积必增加造价。

② 选择采光口的形式。选择采光口要遵循一个基本原则：以设置侧窗为主，天窗给予补充。

③ 确定采光口的位置。在确定采光口位置时，对于侧窗，往往将其设置在南北向的侧墙上，即窗口对南或北。对于天窗，应根据空间的形式与相邻空间的关系确定天窗的位置及大致尺寸。

④ 估算采光口的尺寸。根据空间视觉工作分级和拟定的采光口的形式和位置，即可进行采光口面积的估算工作，也就是根据窗地比来确定。

2. 人工照明

人工照明是为了创造夜间建筑物内外不同场所的光照环境，补充白昼因时间、气候、地点不同造成的采光不足，以满足工作、学习和生活的需求，而采取的人为措施。

人工照明是利用各种发光的灯具，根据人的需要来调节、安排以实现预期的照明效果。

人工照明按安装部位可分为一般照明、局部照明、混合照明。

（1）一般照明，又称全面照明，使整个房间得到均等照度。一般照明多用于教室、实验室、图书馆（室）等。

（2）局部照明，只对某空间内一个或几个局部地点进行照明。如车间内的工作台面、操作盘等的照明均属此类，局部照明使上述局部地点或台面达到照度要求。

（3）混合照明，又叫综合照明，兼用一般照明和局部照明。在生产场所多用混合照明，在一般照明的前提下，对视觉工作要求较高的场所再进行局部照明。

另外，人工照明按其用途可分为正常照明、事故照明、值班照明、警戒照明及障碍照明。人工照明的卫生学要求是：有足够的照度，防止眩目，照度均匀、恒定，没有明显的阴影。

人工照明有较易分布和配置光线的特点。它可根据照明的要求，借助反射器、挡光板和扩散材料等装置来控制调节光源，以获取所需的各类采光效果。人工照明是以灯具来实现具体照明要求的，因此，控制和分配灯光是获取所需光分布和取得照明效果的途径。为了反映出灯具的光分布特点，国际照明委员会推荐以照明光通量散向空间的比例进行分类，将人工照明方式分为五种：直接型、半直接型、漫射型、半间接型和间接型。

（1）直接型照明。这是用途最为广泛的一种照明方式，它使90%的光线向外照射，灯具光通量的利用率最高。按照灯泡与灯罩相对位置的深浅，直接型照明灯具可分为广照型、窄照型和格栅型。

① 广照型灯具只有下端开口，且开口较宽，光线分布较广，常见的有吊灯、吸顶灯等。

② 窄照型灯具光线集中，相对照度较高，如点射灯、筒射灯。其光源多为白炽灯或卤钨灯。

③ 格栅型灯具多为敞口式直接型荧光灯所用。这种灯具纵向几乎没有遮光角，在照明要求高的情况下，常常要设遮光格栅来遮蔽光源，以减少强光直接照射产生炫光。

（2）半直接型照明。半直接型照明是使60%～90%的光线向下直接照射，只有间距与前面的百分比间距一致的光线往上投射。在照明效果上，灯具上方发出少量的光线照亮顶棚，减少灯具与顶棚间的强烈对比，使环境亮度分布更加舒适。外包半透明散光罩的吸顶灯，下面敞口的半透明罩以及上方留有较大通风、透光空隙的荧光灯具，都属于半直接型照明灯具。

（3）漫射型照明。漫射型照明又称为扩散型照明。它使40%～60%的光线扩散以后向下投射，其余40%～60%的光线扩散后向上投射。这种灯具最典型的是乳白玻璃球形灯罩，其他各种形状漫射透光的封闭罩也有类似的配光。

（4）半间接型照明。半间接型照明是运用采光装置使60%～90%的光线往上投射，经天花板或墙壁上部往下反射。只有10%～40%的光线直接向下投射，光量较小，炫光与阴影也较弱。灯具上端开口较大而下端较小的壁灯和吊灯，或上面有敞口的半透明罩均属于这一类。

（5）间接型照明。间接型照明是把灯光全部投向顶棚，使顶棚成为第二次光源。这种照明光线扩散性极好，几乎没有阴影和光幕反射，也不会产生直接炫光，光量小，光质柔，灯具中只有上端开口的壁灯、落地灯、吊灯以及顶棚采光等均属于这种方式。

以上五种照明方式各有特点。住宅空间的照明设计可根据具体要求，对每类灯具的实用性和对光环境的影响进行认真的分析，作出正确的选择，使之发挥各自的照明优势。

二、照明的作用

当夜幕降临的时候，就是多数人在繁忙工作之后希望得到休息娱乐以消除疲劳的时刻。无论何处都离不开照明，都需要用照明的魅力来充实和丰富生活。

照明的作用体现在以下几个方面。

1. 创造气氛

光的亮度和色彩是决定气氛的主要因素。光的刺激能影响人的情绪，一般说来，亮的房间比暗的房间更刺激，但是这种刺激必须和空间所应具有的气氛相适应。极度的光和噪声都是对环境的破坏。光的亮度也会对人的心理产生影响，有人认为对于私密性较强的谈话区，照明可以将亮度减少到功能强度的1/5。光线弱的灯和位置布置得较低的灯，使周围形成较暗的阴影，天棚显得较低，房间更具亲切感。

室内的气氛也由于不同的光色而变化。许多餐厅、咖啡馆和娱乐场所，常常用加重暖色光，例如粉红色、浅紫色的手段，使整个空间具有温暖、欢乐、活跃的气氛，暖色光还可使人的皮肤、面容显得更健康、美丽动人。由于光色的加强，光的相对亮度相应减弱，使空间显得亲切。家庭的卧室也常常因采用暖色光而显得更加温馨和睦。冷色光也有许多用处，特别在夏季，青、绿色的光就使人感觉凉爽。光的选择应根据不同气候、环境和建筑的要求来确定。

2. 加强空间感和立体感

空间的不同效果，可以通过光的作用充分表现出来。实验证明，室内空间的开敞程度与光的亮度成正比，亮的房间感觉要大一点，暗的房间感觉要小一点，充满房间的无形的漫射光，也使空间有无限的感觉，而直接光能加强物体的阴影，光影相对比，能加强空间的立体感。

可以利用光的作用，重点照明希望被注意的地方，如趣味中心，也可以用来削弱不希望被注意的次要地方的照明，从而进一步使空间得到完善和净化。许多商店为了突出新产品，用亮度较高的重点照明，而相应地削弱次要的部位，获得良好的照明效果。照明也可以使空间变得实或虚，许多台阶照明及家具的底部照明，使物体和地面"脱离"，形成悬浮的效果，从而使空间显得空透、轻盈。

三、设计案例：照明案例分析

1. 直接照明案例分析

光线通过灯具射出，其中有90%～100%的光通量到达假定的工作面上（图3-56）。

博物馆和画廊等具有展览性质的公共场所经常使用直接照明。这种照明方式具有强烈的明暗对比，并能形成生动有趣的光影效果，将光源直接射向艺术品，可突出工作面在整个环境中的主导地位，让观赏者不受环境的干扰专心地欣赏艺术品（图3-57、图3-58）。

家居中的直接照明较多地用于局部照明，大多是辅助照明，主要是为了突出空间中局部有意思的地方，例如沙发背景墙的展示等，提升整体房间的艺术效果以及光影效果，提升空间的质感，凸显居住者的品位（图3-59）。

舞台的灯光照明以直接照明为主。五彩射灯投射出的灯光可以创造斑斓的舞台效果，更能创造出美妙的艺术效果（图3-60）。

076　项目三　住宅空间设计要素

图 3-56　商城

图 3-57　展厅

图 3-58　画廊

图 3-59　客厅（七）

图 3-60　舞台

2. 半直接照明案例分析

半直接照明常用于较低房间的一般照明，图3-61和图3-62中的吊灯由于漫射光线能够照亮平顶，使房间顶部高度增加，因而产生较高的空间感。较矮的空间可以考虑多用此种照明方式。

如图3-63所示，半直接照明改善了室内的明暗对比，使整个室内光线柔和、不刺眼，不易产生炫光，采光效果好，是一种理想的照明方式。

3. 间接照明案例分析

在场景中，间接照明的应用类似火把，照亮了自身也照亮了场所。如图3-64所示，整个场景的光源来自向上投射的光，没有复杂的灯光，简洁大方，同时避免大束的光源直接射向地面，产生炫光。间接照明可以突出场景的形体。

如图3-65所示，天花板上的灯带作为主要光源，其形态勾勒出了天花板的形态，美观大方。

4. 半间接照明案例分析

图3-66、图3-67中的吊灯投射到天花板上的光束使房间有增高的感觉，提升了空间整体的感觉。此种照明方式也适用于住宅中小空间的部分，如门厅、过道、服装店等。

5. 漫射照明案例分析

漫射照明光线柔和，视觉舒适。例如，客厅中的水母灯在夜间点亮整个空间，使人仿佛沉浸在蓝色的海洋中，静谧而美好。沙发旁的装饰灯起到局部照明的作用，造型别致、光线柔和，非常适合人坐在沙发上小憩时使用。

图3-61 客厅（八）

图3-62 客厅（九）

图 3-63　书房　　　　　　　　　图 3-64　酒店（三）

图 3-65　客厅（十）　　　　　　图 3-66　客厅及餐厅

6. 照明案例中较失败的案例

如图 3-67 所示，这个相当大的卧室里只用了两个吊灯作为光线来源，使空间显得乏味，没有特别精彩的地方，同时也显得空间很低矮。卧室主要是用来睡眠和休息的场所，灯光设计最好不要杂乱无章，而要以简洁为主。图中卧室吊了两个水晶灯，给人多此一举的感觉。光源过多而且照明亮度过大，不仅不美观还无故增加了居住者的开支。

图 3-67　主卧

任务拓展

客厅适合冷、暖、中三种色温可切换的照明产品,具有冷暖切换的功能;客厅通常承载多种功能活动,需要灯光环境有与之相配的多种模式;在主照明之外建议补充功能照明、局部和情景氛围照明。客厅主灯建议可调光调色,同时,客厅强调装饰性,可选择与装修风格相搭配且装饰度高的照明产品。

请根据图 3-68、图 3-69 阐述空间照明方案的搭配。

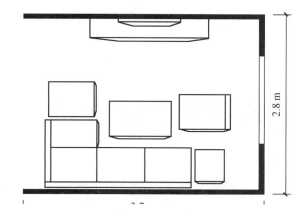

图 3-68 客厅照明方案

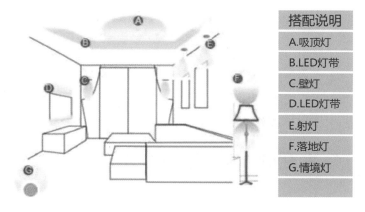

图 3-69 客厅照明方案说明

UNIT FOUR

项目四 住宅空间设计的实施

项目目标

学习任务	知识目标	技能目标
任务一 住宅空间设计的原则	了解住宅空间设计的原则	能够遵循原则进行住宅空间设计
任务二 住宅空间设计的程序	熟悉住宅空间设计的程序	能够按照合理的程序进行住宅空间设计
任务三 住宅空间设计的施工与竣工验收	熟悉住宅空间设计的施工与竣工验收工作的内容与相关验收标准，掌握相关单据的填写	能够有效参与住宅空间设计的施工与竣工验收工作

任务一 住宅空间设计的原则

任务导读

对于设计师来说，设计方案的最终目的是从人们的文化、心理需求出发，通过新颖、独特的设计构思以及准确、严谨的技术手段使人们获得精神上的满足和美的享受。

一、以人为本，统领全局

现代住宅空间设计要从满足使用功能、符合时代精神的要求出发，以满足人和人际活动的需要为核心。

设计师要统领全局，根据住宅空间的使用性质作深入调查，掌握必要的资料和数据，从最基本的人体尺度、人流动线、活动范围和特点、家具与设备等的尺寸和使用所需的空间等着手，通过合理的住宅空间布局和设施的设计，使室内各种环境因素适应人们生活活动的需要，进而提高室内环境质量，使人在室内的活动高效、安全和舒适。

二、整体与局部环境协调统一

只有单体造型能力，缺乏总体环境意识，很难做好住宅空间设计。住宅空间设计是一项系统工程，它与整体功能特点、自然气候条件、城市建设状况、所在位置以及地区文化传统和工程建造方式等因素均有关。如果设计师在方案设计之初没有考虑环境景观与城市规划、城市交通影响等的关系，那么所设计的住宅空间就会脱离实际的环境载体，与住宅整体的性质、标准、风格不协调，导致整个设计缺乏深度和人文关怀。

三、创意与表达并重

住宅空间设计是一个从客观到主观，再从主观到客观的必然过程。设计的本质在于创造，设计的过程与结果都是通过人的思维来实现的，因此，设计前期的构思、立意至关重要。对于设计师来说，正确、完整地表达出室内环境设计的构思和意图，使建设者和评审人员能够通过图纸、模型、说明等全面地了解设计意图，是非常重要的。

四、重视陈设的作用，适当淡化装修

在住宅空间设计中，住宅中的各个厅室空间有限，不必在墙面、顶棚等作过于复杂的装修，可以用家具和陈设来体现。提倡多用家具，设计多功能空间，采用灵活多变的设计方案，使住宅具有更大的灵活性和适用性。

◎ 任务拓展

简述住宅空间设计的原则。

任务二　住宅空间设计的程序

任务导读

住宅空间设计是一项复杂的系统工程，其项目实施程序对于物业使用方、委托管理方、建筑施工方、工程监理方以及住宅空间设计方等不同的部门有不同的要求，在对住宅空间进行设计时，设计师应充分把握住宅空间的使用性质，从项目内容和住宅综合条件等方面入手，对住宅空间进行合理设计。

一、设计准备程序

1. 项目准备与计划

（1）项目来源。近年来，随着人们生活水平的日益提高，商品住宅的建设发展迅猛，住宅商品化已深入人心，人们对于自身居住空间环境的品质越来越重视，居住空间的设计装修不仅能显示出现代文明对生活环境的改变，也是衡量一个人或家庭生活水平的基本标准。对居住空间室内环境的塑造，可以提高生活质量，使人在良好的环境中享受有情趣的生活。因此，买房、装修已经成为人们关心的热点和焦点。

随着住宅空间设计行业逐渐走向成熟，经济条件、社会风气、环境等因素成了影响项目顺利实施的首要制约因素。同时，人自身的局限也会影响项目的进行，这其中包括三个方面：一是居住者自身的文化修养和素质；二是设计师的专业能力，包括个人组织、协调能力等；三是施工技术上的优劣等。

住宅空间设计的项目来源一般有两种：一种是专业设计公司依靠良好的设计专业水准，建立起市场效应，并由此开辟出的大众市场。这种类型的项目来源往往注重市场的规模效应，业务范围通常涉及全国甚至境外市场。另外一种是由小型设计公司或工作室控制的小众市场。一般项目规模较小，相对于前一种来源来说，具有更大的灵活性。

（2）项目资料。在设计之前，首先要获得建筑原始户型图以及内部空间的一些立面图等基本资料，为设计工作的进行准备第一手资料。设计的前提是对资料的占有和完善。大量收集资料，对资料进行归纳整理，进而加以分析和补充，让设计方案在模糊中渐渐清晰起来。横向比较和调查其他相似空间的设计方式，了解已存在的问题和经验，对其位置的优劣状况、交通情况等进行详细分析，对提出一个合理的初步设计概念和艺术的表现方向非常有利。

设计过程中的沟通已经成为设计工作的重中之重，良好的沟通不仅能够节省办公时间，提高工作效率，还能更好地为居住者提供决策服务。良好的沟通能够使设计师更好地理解居住者的需求，从而能够设计出更合理化、更人性化的产品。

另外，在设计之前，设计师还应该充分了解居住者的文化背景、知识结构以及兴趣爱好，同时对居住者的使用需求、愿望等有一个全面的了解。

（3）项目任务计划书。项目资料收集完毕后，住宅空间设计还应有相应的项目计划，设计师必须对已知的任务在时间和内容上进行合理规划，从内容分析到工作计划，形成工作内容的总体框架。

住宅空间设计的项目实施程序由以下几个步骤组成：项目任务计划书的制定、项目设计内容的社会调研、项目概念设计与专业协调、方案确定与施工图设计、材料选择与施工监理。虽然住宅空间设计绝大部分属于很简单的工程项目，但把整个项目理出一个清晰的工作思路是非常有必要的。

项目一旦确立，作为居住者，对于如何选择设计方、施工方、监理方等都应有通盘的考虑。也就是说，对于上述几方的选择，居住者都会有相应的选择要求和衡量标准。事实上，对于实际项目来说，居住者的偏好将成为项目任务计划书内容的主导。同时，对于所要开展的工作及最终结果，居住者应有相关的规划，这种规划和想法落实到书面上，就是项目任务计划书。设计方是项目实施的先行者，所以项目任务计划书是项目最早期的文件之一。居住者根据设计方的最初建议调整项目任务计划书的内容，如居住者有相对较成熟的想法，设计方应重视其设想。有些项目任务计划书可以按照控制单位造价来进行设计，也可以按照项目总投资来计划。在一些公开竞标的项目中，标书和设计要求充当了项目任务计划书的角色，这些文件的内容往往涵盖室内面积、预计总投资、单位面积预算、技术经济指标、主要设计内容、主要设计成果、时间进度等数据指标，设计师往往以此为依据展开方案设计工作。

2. 项目现场勘测

（1）勘测前的准备。勘测是指对施工现场进行勘探和测量。住宅空间的生命力从某种角度来说就是人的认识的存在，缺少了人和人的生活行为，住宅空间也就不会存在。勘测就是设计师和被设计对象间的对话。无论是建筑室内，还是建筑外观，都应该作为设计师仔细调研、观察、揣摩的内容，住宅空间对尺寸的准确性的要求非常高，应该在现场仔细核实图纸的尺寸。在测量时，应尽可能做到认真仔细，不忽视每一个细小的尺寸，并且要了解周围环境，分析采光对空间的影响以及空间流通的情况等，对现场空间的各种关系现状作详细记录。从环境角度来说，一些因素的存在会直接影响室内环境的设计，这些因素包括空气流通是否顺畅、日照是否充足、外环境是否有不符合法律规定的噪声或有毒有害气体等。这些问题都应该在设计师的现场勘测中记录下来，以作为设计过程中应该解决的问题。

（2）勘测的过程。对于住宅建筑结构，可以借助相应的工具来测量尺寸（图4-1）。如有条件，可以准备一个红外测距的电子尺。这项工作通常需要两个人一起进行，一个人测量，另一个人记录（图4-2）。对房屋进行测量时，通常需要注意以下几个方面：

图4-1　测量工具　　　　　　　　　　图4-2　记录工具

① 获取一份原始平面图。一般向居住者或者物业管理部门索取。如果不具备，可以通过现场勘测获得。

② 确定主要墙体的轴线位置。

③ 统一测量单位和精确小数点后的数值。

④ 注意水平面起伏引起的高度误差值。

⑤ 注意立面阴角线的垂角误差值。

⑥ 标注设备建筑接入口及其容量、规格以及各种管道口的位置、尺寸。

⑦ 标注梁的位置及规格、尺寸。

⑧ 标注承重结构的位置。

⑨ 标注门、窗的位置、规格与尺寸。

⑩ 注意建筑的受损情况。

如果允许，照相机和摄像机都可以作为辅助工具使用（图4-3）。

房屋的勘测是后期进行项目设计施工的科学数据依据和技术基础，所以，花费一定的时间在现场进行全方位的勘测是非常重要的（图4-4、图4-5）。

图4-3　辅助工具

3. 签订设计合同

居住者初步确定设计公司并选择好设计师，交纳量房服务费用后，设计公司需与其签订设计协议。在居住者与设计师对方案进行认真沟通讨论后，在设计方案、报价均使双方满意的前提下签订合同。其中，家庭居室装饰工程设计合同是装修工程中最主要的法律文件。

图 4-4 细部勘测现场（一）

图 4-5 细部勘测现场（二）

家庭居室装饰工程设计合同范本

发包方（以下简称"甲方"）：

承包方（以下简称"乙方"）：

根据《中华人民共和国合同法》的有关规定，经甲、乙双方充分协商，一致同意，特签订以下设计合同条款，共同遵守。

第一条：工程概况

（1）工程名称：

（2）工程地点：

（3）初步方案交图日期：　　年　月　日　　　施工图交图日期：　　年　月　日

（4）合同价款（人民币大写）：　　（￥：　　）

第二条：甲方的责任、权利和义务

（1）甲方提出设计要求。

（2）及时提供现场供乙方考察研究。

（3）按合同支付乙方设计费用。

（4）及时根据乙方的要求做好设计阶段验收工作。

第三条：乙方的责任、权利和义务

（1）按甲方的要求提供设计方案，根据双方确定的方案保质、保量、按期交图，不得东拼西凑，以次充好。

（2）及时与甲方沟通装修设计意见，根据甲方的意见及时修改。

（3）严格遵守国家颁布的有关操作规程、施工及验收规范和质量评定标准进行设计。

（4）乙方设计应有前瞻意识，做好甲方的参谋。

第四条：关于工期的约定

（1）甲方要求比合同约定的工期提前交图时，应征得乙方同意。

（2）因甲方未按约定完成工作，影响工期，工期顺延。

（3）因乙方责任，不能按期交图，影响工期，工期不顺延。

（4）因设计变更或非乙方原因造成的不可抗力因素，导致设计停工，工期相应顺延。

第五条：工程质量及验收标准

（1）本设计或施工图纸、做法说明、变更以国家制定的相关建筑装饰工程施工及验收规范为设计标准。

（2）设计的认可以双方签章为准。

（3）由于乙方原因造成设计不合格，返工费用由乙方承担，工期不顺延。

第六条：付款方式

（1）合同签订后，甲方按下表付款给乙方：

付款时间	付款百分比	付款金额
合同签订后	合同金额的50%	
交图后一周内	合同金额的50%	

（2）其他付款。

第七条：违约责任

（1）非甲方原因造成延期交图，乙方应向甲方支付违约金；违约金按　　元人民币/天从设计费中扣除。

（2）甲方因非乙方原因而未按合同向乙方支付设计费，向乙方支付　　元人民币/天的违约金。

（3）因乙方未按国家颁布的有关操作规程设计施工图，甲方有权拒付设计费，所造成的损失由乙方负责。

第八条：其他约定

（1）乙方设计内容需是甲方认可的设计内容。

（2）甲方如中途要求对本设计项目数量有增减时，乙方应予认可，但所增加的费用由甲方承担。

（3）本合同履行期间，双方发生争议时，双方可采取协商解决或请有关部门进行调解；当协商或调解不成时，则可通过法律手段解决。

（4）工程施工过程中设计方应跟踪设计，对未考虑到位的设计进行修改，对于施工单位未按设计要求施工的应及时向甲方反映。甲方在此项不向乙方支付费用。

第九条：附则

（1）本合同正本两份，甲、乙双方各执一份，经双方签字之日起生效。

（2）本合同履行完成后自行终止。

甲方签章：　　　　　　　　乙方签章：
联系地址：　　　　　　　　联系地址：
联系电话：　　　　　　　　联系电话：
签约时间：　　　　　　　　签约时间：

4. 施工合同

（1）装修施工合同的基本构成。

① 工程主体。工程主体包括施工地点名称，合同的执行主体，甲、乙双方名称，合同的执行对象。

② 工程项目。工程项目包括序号、项目名称、规格、计量单位、数量、单价、计价、合计、备注（主要用于注明一些特殊的工艺做法）等。这部分多数按附件形式写进工程预算/报价表中。

③ 工程工期。工程工期包括工期、违约金等。

④ 付款方式。付款方式是指对款项支付方法的规定。

⑤ 工程责任。工程责任是指对工程施工过程中的各种质量和安全责任承担作出的规定。

⑥ 双方签署。签署的内容包括双方代表人签名和日期，作为公司一方的还包括公司盖章。签署装修合同要规范，一些能规定的内容，一定要详细写明。

（2）装修施工合同的相关说明。

① 关于项目。客厅地面铺 600 mm×600 mm 国产佛山 ×× 牌耐磨砖（应指定样品）。

② 关于单位。单位应使用习惯的国际通用单位。切忌使用英制单位等。可以计算面积和长度的子项应避免使用"项"来表达。例如，天花板角线、踢脚线、腰线、封门套等用"米"。木地板、乳胶漆、墙纸、防盗网等用"平方米"。家具、门扇、柜台等用"项""樘"等单位。有必要标明这些项目的报价单位及报价，按正立面平方数计算。

③ 关于数量（有两种方法）。

a. 实际测量后，加入损耗量，在合同内标定，日后不再另行计算（在签署合同前确认工程数量，然后在合同内标明）。

b. 按单价，再乘以实际工程量。这是一种做多少算多少的做法。

④ 关于备注。对一些工艺做法应标明，如衣柜表面用红榉面板，内衬用白色防火板，主体为 15m 大芯板。

⑤ 关于违约。不管居住者违约，还是装修公司违约，都可以用经济手法进行惩罚和赔偿。一般违约金大约是工程总额的 1‰～3‰。

⑥ 关于管理费用。管理费用包括小区管理处收取的各种行政管理费用。其中小区管理处收取的费用有很多种，如管理押金、垃圾清运费、施工保洁费、通道粉刷费、公共设施维护费、电梯使用费、工人管理费（日）、出入证押金、出入证费、临时户口办证费。越来越多的装修公司要求这些费用由居住者支付，不再计入工程预算之中。

⑦ 关于税金。在大部分城市，税金是从装修公司的营业收入中收取的，但也有的是通过大厦或小区管理处收取。总之，不论哪种收取方式都有必要明确承担者。

二、设计方案程序

1. 方案表达

从设计师的构思形成来分析，住宅空间设计主要需注意以下几点：

首先，需要从大处着眼，从细处着手，从总体到细部深入推敲。

从大处着眼，是指在进行住宅空间设计时应考虑的几个基本点，即以满足人和人际活动的需要为核心；加强环境的整体性、科学性与艺术性，时代感与历史文脉并重，在思考问题和着手设计时应有全局观念。从细处着手，是指在进行具体设计时，紧紧围绕住宅的使用性质，深入调研，收集有关信息，掌握必要的资料和数据。对最基本的人体尺度、人流动线、活动范围和特点、家具与设备等尺寸和使用它们必需的空间等进行具体分析、比较，然后落实最初构想。

其次，应注意里外结合，局部与整体协调统一。

建筑师依可尼可夫曾说过："任何建筑创作，都应是内部构成因素和外部联系之间相互作用的结果，也就是'从里到外，从外到里'。"住宅室内环境的"内"以及和这一环境连接的其他室内环境，以至住宅室外环境的"外"，它们之间有着相互依存的密切关系。设计时需要从内到外、从外到内多次反复协调，使其更加完善合理。住宅室内环境需要与住宅整体的性质、标准、风格，以及住宅外部环境相协调。

再次，应做到"意在笔先，胸有成竹"。思维方式是解决设计问题的基本途径之一，为什么设计、怎样设计和设计什么是整个设计活动中应该遵循的思维模式。人类的思维有语言和图像两种方式，其中图像思维方式是进行设计活动时最常见的方式。设计师应对住宅空间设计中包含的复杂内容有一个非常清晰的思路，应该有进行图解分析的习惯，把设计思维和立意落实于纸面。图解分为两种类型，一种是分析图解，一种是图形图解。分析图解主要是理清思路，把设计过程中所涉及的内容、思维方式以及表达方式等用文字简明扼要地记录下来，帮助设计师整体把握设计。任何一项设计，若没有立意，都将无法进行，设计的难易程度也往往取决于有没有一个好的构想（图4-6）。

图形图解是通过画草图的方式让大脑中模糊的概念逐渐清晰的过程。通过对草图的推敲、调整，最后可达到对空间的整体把握。图形图解可以分为平面图图解、空间图图解和透视图图解。

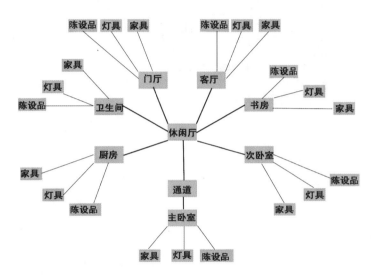

图 4-6　住宅空间树形系统分析图

2. 草图构思

草图是根据构思的推敲、比较而确立的。没有构思也就没有草图。草图阶段是指设计师把理性分析和感性的审美意识转化为具体的设计内容，把个人对设计的理解用图纸的方式表现出来的过程。换言之，构思往往是与草图紧密联系的。草图构思是方案的初步设计阶段，构思的建立要反复勾画各种空间形象的草图，包括透视效果、平面布置及立面分析等。不仅如此，设计师同时还应根据现有的参考资料、信息，不断地对方案进行推敲、调整、比较，逐步深化方案，直到同居住者达成一致，把方案初步确定下来。这个过程要注意各种要素的辩证关系，注重功能、技术和美学等方面的关系。无论从哪方面入手都是允许的，但始终都要注意调整各方面的主从关系、互补关系，做到有机统一（图4-7）。

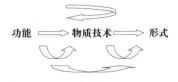

图 4-7　功能、物质技术和形式的关系示意

在此时期需要形成的成果文件如下：
（1）基本思想报告；
（2）创意展示板；
（3）创意模型（有条件可施行）；
（4）平面布置草图及主要动线分析（图4-8）；

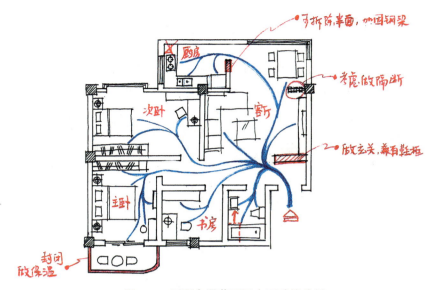

图 4-8　平面布置草图及主要动线分析

（5）透视效果草图（图 4-9、图 4-10）；
（6）日程安排表（与设计总监商议制定）；
（7）内装饰、家具工程概算书。

图 4-9　透视效果草图（一）

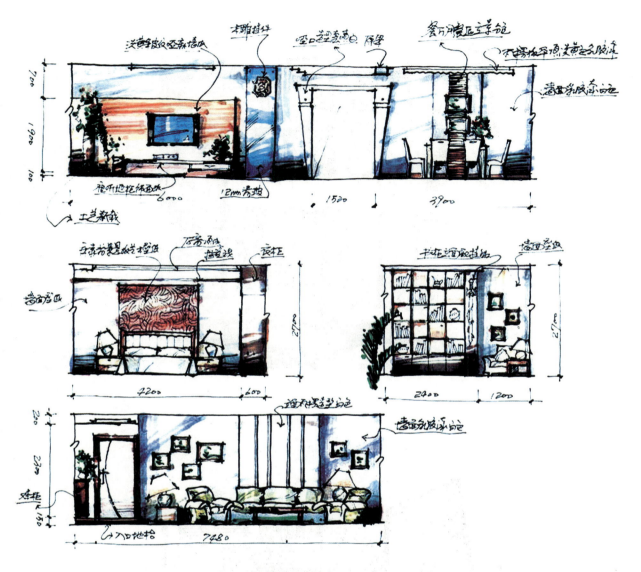

图 4-10 透视效果草图（二）

3. 整体构思

有了明确的设计理念和思路之后，就应该从整体入手，考虑整个空间的功能布局。起居室是人们日常的主要活动场所，平面布置应按会客、娱乐、学习等功能进行区域划分。功能区的划分通道应避免干扰，如客厅的尺寸适合摆放多少组沙发、在什么位置摆放能最合理地利用空间、行走路线是否合理等，这个过程称为平面功能分析。住宅空间设计的平面功能分析主要根据人的行为特征来进行。人的行为特征落实到住宅空间的使用，基本表现为"动"与"静"两种形态。具体到一个特定的空间，动与静的形态又转化为交通面积与有效使用面积。可以说，住宅空间设计的平面功能分析就是研究交通与有效使用之间的关系，它涉及位置、形体、距离、尺度等空间要素。平面布置图（图 4-11、图 4-12）所要解决的问题，是住宅空间设计中涉及的功能。它包括平面的功能分区、交通流向、家具位置、陈设装饰、设备安装等。各种因素作用于同一个空间所产生的矛盾是多方面的。如何协调这些矛盾，使平面功能得到最佳配置，都要在平面布局上有所考虑，反复推敲出最合理的方案，然后在平面布置图上将家具、家庭设备的位置绘制出来。天棚、地面、顶面都有了明确的设计方案后，再推敲局部的设计。

项目四　住宅空间设计的实施

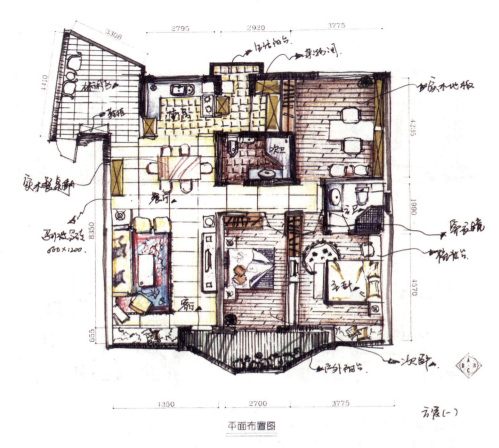

图 4-11　平面布置图（一）

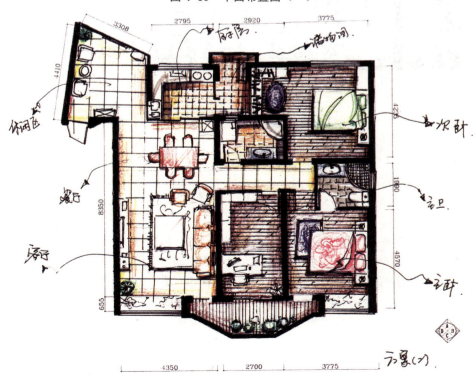

图 4-12　平面布置图（二）

筛选出设计草图后,进入设计的深入开发阶段。在原有的评价基础上,从总体设想到各单元的尺寸设定,从虚拟空间到建筑构架展开设计,逐步落实于设计文件,如平面图、顶面图、室内透视图、室内装饰材料翔实版面、设计意图说明和造价预算等。

在设计过程中,为了更加准确地将设计师的设计意图充分地展现在人们面前,语言、形体、图表、模型等手段都应有一定的说服力。对于更加醒目直白的效果图来说,则更应给人一种真实的印象,与其他表现形式相辅相成,相得益彰。

在对此设计方案进行设计的综合评价和审定后,可进行正稿设计。

4. 局部表现

作为一种空间形式的表达,构造和细节是最能够体现设计概念和方案表达的专业技术语言。设计师的设计创意、空间形态的形式美感都必须通过细节的处理才能显现出来。构造和细节包括三个方面的内容:首先是空间主体的构造细部,主要指门、窗、梁等构成空间围合界面的细节;其次是整体界面的构造细部,主要包括地面、墙面、顶面在内的空间围合面;最后是过渡面的构造细部,主要指地面与墙面、墙面与顶面、墙面与墙面的转接细部。在住宅空间设计中,构造和细节的设计和施工在最后的设计效果中往往起到画龙点睛的作用。

局部构思应以大局为重,设计要跟着整体走,以一种文化为背景,形成一种风格,而这种风格是具有广泛延伸性的,既要达到统一又要推陈出新,没有一套清晰的设计思路是很难做到的(图4-13、图4-14)。

图4-13 客厅效果图

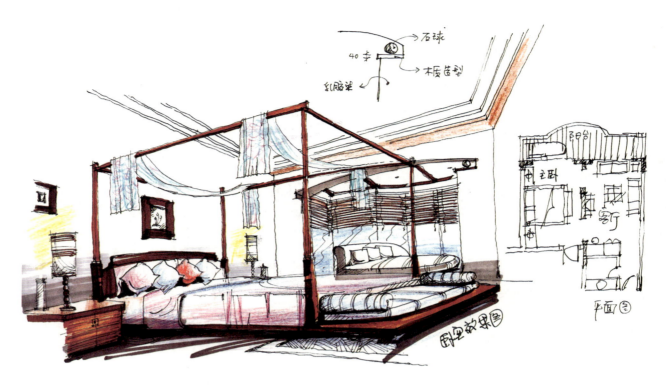

图 4-14 卧室效果图

5．方案确立

设计评价在设计过程中是一个不间断的潜在行为，在某一阶段突出表现出来，即使在容易忽略的设计完成之后，设计评价依然有信息反馈、综评分析的重要价值。设计的过程总是伴随着大量的评价和决策，只是许多情况下是在不自觉地进行评价和决策而已。科学技术的发展和设计对象的复杂化，对设计提出了更高的要求，单凭经验、直觉的评价已经不能适应各种要求，只有进行技术、美学、经济、人性等多方面的综合评价，才能达到预期目的。对于住宅设计方案的审定主要从以下方面进行：

（1）设计是否弥补了房屋户型结构的缺陷；
（2）设计是否充分利用了空间；
（3）设计师的空间分割是否合理；
（4）设计风格与家具搭配是否协调；
（5）设计与照明搭配是否和谐；
（6）设计用色与业主性格是否吻合；
（7）设计是否考虑安全、防盗及卫生要求。

通常，设计图纸经过最终评价审定后，为了保持设计的统一性、完整性，设计方案不宜再作过多改动。

三、设计细化程序

1．深入准备

此阶段主要是接受委托任务书，签订合同，或者根据标书要求参加投标；明确设计期限并制订设计计划进度安排，考虑各有关工种的配合与协调；明确设计任务和要求，如室内设计任务的使用性质、功能特点、设计规模、等级标准、总造价，根据任务的使用性质所需创造的室内环境氛围、文化内涵或艺术风格等；熟悉与设计有关的规范和定额标准，收集分析必要的资料和信息，包括对现场的调查勘探以及对同类型实例的参观等。在签订合同或制定投标文件时，还包括设计进度安排、设计费率标准，即住宅空间设计收取居住者设计费占住宅装饰总投入资金的百分比。

2. 施工图设计

方案设计阶段是在设计准备阶段的基础上，进一步收集、分析、运用与设计任务有关的资料与信息，构思立意，进行初步方案设计，深入设计，进行方案的分析与比较。确定初步设计方案，提供设计文件。住宅空间设计的初步方案通常包括：平面图（常用比例为 1∶50，1∶100；室内立面展开图，常用比例为 1∶20，1∶50）；平顶图或仰视图（常用比例为 1∶50，1∶100）；室内透视图；室内装饰材料实样版面；设计意图说明和造价概算。具体比例见表 4-1。

表 4-1 初步设计图常用比例

图纸名称	常用比例	可用比例
平面图、天花板平面图、电位图	1∶50	1∶100
立面图（包括剖面）、大样图（家具制作部分的平、立、剖面图）	1∶20	1∶30，1∶10
大样图（细部节点）	1∶10，1∶5	1∶4，1∶3 1∶2，1∶1
大样图（标准门窗及大样）	1∶20	1∶10，1∶30

初步设计方案需经审定后，方可进行施工图设计。施工图设计阶段需要补充施工所必要的有关平面布置、室内立面和平顶等图纸，还需包括构造节点详细、细部大样图以及设备管线图，编制施工说明和造价预算。施工图设计主要是将已经批准的初步设计图，从满足施工要求的角度出发予以具体化，为施工安装，编制施工图预算，安排材料、设备和非标准构配件的制作提供完整、正确的图纸依据。

（1）住宅建筑设计施工图是一套完整的施工图，根据专业内容或作用的不同，一般分为以下几部分：

① 图纸目录。先列出新绘制的图纸，后列出所选用的标准图纸或重复利用的图纸。

② 设计总说明（即首页）。内容一般应包括：施工图的设计依据；本项目的设计规模和建筑面积；本项目的相对标高与总图绝对标高的对应关系；室内、室外的用料说明，如砖标号、砂浆标号、墙身防潮层、地下室防水、屋面、勒脚、散水、台阶、室内外装修等做法（可用文字说明或用表格说明，也可直接在图上引注或加注索引符号）；采用新技术、新材料或有特殊要求的做法说明；门窗表（门窗类型、数量不多时，可在个体建筑平面图上列出）。以上各项内容，对于简单的工程，可分别在各专业图纸上写成文字说明。

③ 建筑施工图（简称建施图）。包括总平面图、平面图、立面图、剖面图和构造详图。

④ 结构施工图（简称结施图）。包括结构平面布置图和各构件的结构详图。

⑤ 设备施工图（简称设施图）。包括给水排水、采暖通风、电气等设备的布置平面图和详图。

（2）住宅空间设计施工图。住宅空间设计施工图一般包括以下内容：平面图（含家具布置图、地面材料分布图）、吊顶图（含吊顶构造图、吊顶灯具分布图）、室内立面展开图（含立面剖视图、节点构造图）、施工说明、材料表、门窗表、造价预算表、装饰节点大样图以及需现场制作的家具和设施的详图等。下面以某家居室内设计方案为例分析设计图纸。

① 室内平面图。室内平面图主要用来表达墙柱及门窗位置、空间功能分布、家具布局及位置、

空间处理形式以及地面铺装处理等。室内平面图同建筑平面图一样，一般以门窗洞口之间位置或以人眼睛高度的位置沿水平方向剖切，由上向下所看到的图面，即用正投影的方法在水平面上得到的正投影图面（图4-15）。

  a. 平面图的表现。墙体、柱等结构轮廓应用粗实线表示，平面图中门窗的位置、宽度及门开启的方向也都应该表示出来，平面图中的家具等陈设的轮廓应用中实线表示，楼梯的形式及步数均用细实线表示。

  b. 平面图的尺寸标注。平面图的尺寸标注分外部尺寸和内部尺寸。外部尺寸一般在水平和垂直方向各标注三道。第一道尺寸是细部尺寸，如门窗及墙段的尺寸；第二道尺寸为轴线尺寸，是墙柱、房间开间、进深尺寸；最外一道尺寸为平面轮廓总尺寸，即总长或总宽。内部尺寸是平面图轮廓之内的尺寸，如墙柱厚度及空间分隔、家具外轮廓尺寸。同时，平面图中应标注不同地面的标高、剖切位置及详图索引。为反映室内空间竖向情况，需要绘制剖面图，因此，剖切位置一般在平面图中标注。

  ② 吊顶设计图。吊顶设计图主要是表达天棚的吊顶造型形式，照明灯位，空调所需的出、回风口及烟感喷头的位置。吊顶设计图基本上也是以人眼睛高度的位置，从水平方向由下至上剖切所看到的图面。吊顶设计图的表现与标注同平面图的表现与标注基本一样（图4-16）。

  ③ 立面图。立面图是设计师位于室内中间，面向室内各个朝向看到的墙面的图面，需要表达出吊顶的高度、门窗的位置和形式、墙立面的造型形式以及家具的立面形式（图4-17、图4-18）。

  a. 立面图的表现。立面图中轮廓部分如天花板、墙面及地面等建筑构造部分用粗实线表示，轮廓以内的造型形式、家具、装饰品等则往往用中实线和细实线来表示。

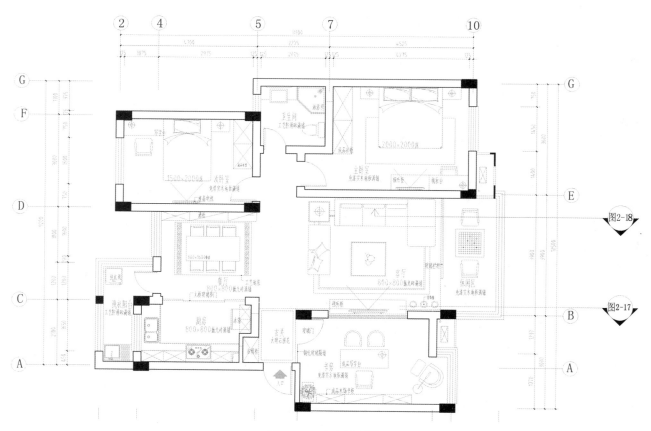

图4-15　室内平面图

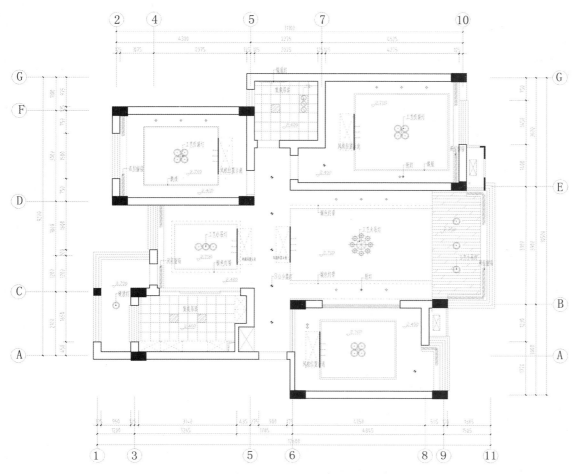

图 4-16　吊顶设计图

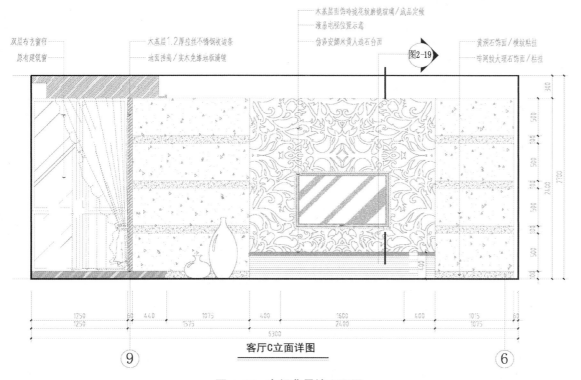

客厅C立面详图

图 4-17　电视背景墙立面图

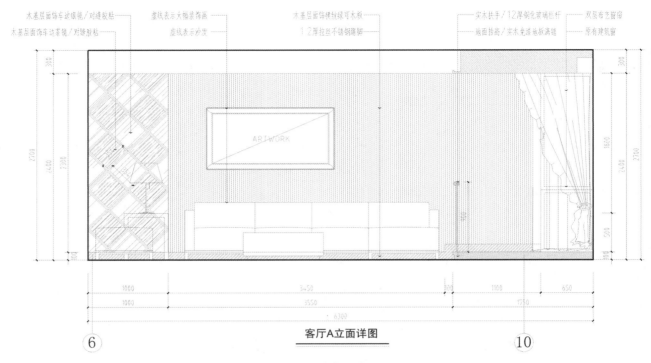

图 4-18 沙发背景墙立面图

b. 立面图的标注。垂直方向，第一道标注墙面造型的细部尺寸；第二道标注墙面的分隔形式，包括吊顶、造型高度及家具等的尺度；最外一道一般标注室内的层高。水平方向，第一道及第二道多逐级标注立面造型尺寸，最外一道往往标注立面的总长。

c. 室内各立面图的名称命名。通常室内各立面依据房屋的朝向来命名，如东立面、南立面等；还可以事先在平面图中用一个各方向的符号来表示，如 A 立面、B 立面等。

④ 详图。详图，就是指详细的图样。由于室内的平、立、剖面图一般采用的比例较小，许多局部的详细构造、做法无法体现出来，为了详细表达设计中局部的形状、材料、尺寸和做法，采用比较大的比例画出的图形称为详图或大样图。在室内设计作图中，详图大多体现在诸如局部墙面断面、天花板造型收口处及各部位的线脚处等（图 4-19）。

3. 效果图设计

（1）手绘效果图。手绘效果图非常关键，是设计师与居住者沟通的主要途径。主要有三种形式的手绘效果图：

① 马克笔效果图。这种效果图绘制起来非常方便、快捷，可以用很明快、简洁的色彩表达设计师的观念。马克笔可以表现简单的示意图，也可表现室内效果图。在用针管笔或中性笔绘制好有透视关系的线稿上，再用马克笔或者马克笔与彩色铅笔结合上色，较为方便、快捷，以便设计师可以在与居住者沟通时给居住者较直观的解释（图 4-20～图 4-22）。

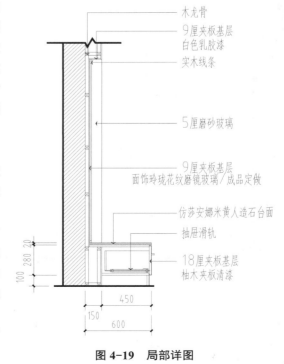

图 4-19 局部详图

项目四 住宅空间设计的实施 097

图 4-20 餐厅手绘效果图

图 4-21 卧室手绘效果图

图 4-22　客厅手绘效果图

② 水粉、水彩效果图。水粉、水彩效果图因受条件制约，近几年使用较少，但水粉、水彩效果图生动、表现力强、艺术氛围较好，可以突破计算机效果图的呆板，所以仍然深受一些设计师的青睐。

③ 彩色铅笔与钢笔表现图。这是一种很随意的表现方式，有时可能是应居住者的要求，设计师随手勾画的一些家具造型、地砖铺法等，表现一些颜色和造型效果；有时是设计师自己在构思阶段勾画草图时使用，这些图虽然不正规，但在设计过程中却非常有用。

（2）计算机效果图。计算机效果图是目前住宅空间设计中最为常用的一种表现方式，具有很强的真实感，不管是材料、灯光，还是家具造型都能非常直观地被表现出来，让人一目了然，很容易同居住者沟通。但值得注意的是，计算机效果图应该按照设计的构思和想法严谨地表达，不应让计算机效果图与完工后的工程有较大出入（图 4-23～图 4-27）。

图 4-23　客厅计算机效果图（一）

图 4-24　客厅计算机效果图（二）

图 4-25　餐厅计算机效果图

图 4-26 活动室计算机效果图

图 4-27 卧室计算机效果图

任务拓展

住宅空间设计的一般步骤是什么?

任务三　住宅空间设计的施工与竣工验收

任务导读

一个好的设计创意的实现，不仅需要丰富的空间想象力和人文精神，而且还需要科学的施工技术作为其基本保障。在项目施工前，设计师需向施工单位进行设计意图说明及图纸的技术交底，做好与建筑设计及通风、水、电、消防等设备的衔接。在工程施工期间，设计师需按照图纸要求核对施工实况，根据现场实况及时对图纸的局部作相应的修改或补充（由设计单位出具修改通知书）。

工程竣工与验收是一项系统而复杂的多方参与的综合性工作，也是检验设计和施工质量的关键步骤，意味着此项工程项目已经按照设计施工图纸的要求和设计要求全部施工完毕，具备交付使用的条件。

一、住宅空间设计的施工

1．设计与施工的协调

（1）设计师应具备的素质。

① 作为设计师，必须把设计能力放在重要的位置。首先是构思，构思是设计创造的源泉与基础，作为设计师，一旦学习和掌握了设计的多种思维方法，在设计过程中就会得心应手；其次，设计师还应使用计算机进行辅助设计，掌握用计算机绘制设计图、施工图和效果图的技巧。

② 创新能力是设计师提高设计水平的关键，设计师必须有独特的素质和高超的设计技能作为其基本保障。设计师对任何设计都应认真总结经验，用心思考，反复推敲，吸取优秀设计精华，实现新的创造。

③ 协调能力。协调设计师与客户、设计与施工、施工与材料等之间的关系。

④ 在抽象的设计变成具体的实体施工的过程中，可能会出现设计中被忽视或考虑不全面的问题，调整或变更是不可避免的。因此，设计师必须到施工现场深化与改进自己的设计并进行现场指导。

（2）设计与施工的协调内容。

① 技术交流。装修工程开始施工时要求设计师与施工方作技术交流，介绍设计意图、装饰特点、施工要求、技术措施和有关注意事项。同时，要求施工方审核图纸并提出意见和建议。

② 细节检查。检查图纸是否正式签署；检查各施工图有无矛盾；检查材料来源有无保证，能否代换；检查新技术、新材料的应用有无问题；检查是否存在不能施工或不便于施工的技术工艺问题；检查是否存在容易导致质量、安全、装饰费用增加等方面的因素存在；检查管道、线路、设备等相互间有无矛盾，布置是否合理；检查防水消防、施工安全、环境卫生、垃圾处理等有无保证。正式确定图纸，包括吸收施工方的合理意见，由设计师对图纸作必要的补充和修改。施工中发生设计变更时，请设计师到现场参与必要的指导。

2．装饰施工变更

施工过程中的调整或变更不可避免，为了保证施工的顺利进行，使业主、设计师和公司等各方的利益都能得到充分保证，通常会以文字的形式将变更确定下来，而《家庭居室装饰装修工程变更单》正是在这样的情况下产生的（表4-2）。

表 4-2 家庭居室装饰装修工程变更单

变更内容	原设计	新设计	增减费用（+/−）

详细说明：

注：若变更内容过多请另附说明

发包方代表（签字）：　　　　　　　承包方代表（签字）：

年　月　日

二、住宅空间设计的竣工验收

竣工验收是整个工程的最后一道工序，能直接反映工程质量的等级。竣工验收主要包括水电管道验收、墙地面砖验收、木制品验收、油漆涂料验收四大部分。在通常情况下，设计的主要任务完成后，在业主正式入住之前，还需要请监理或由装修公司负责，进行完整的竣工验收，只有竣工验收通过之后业主才能入住。

竣工验收时，业主、设计师、工程监理、施工负责人四方都应在场，对工程设计和工艺质量进行整体验收，确定合格后，业主才可签字。

1. 施工规范和验收标准

（1）电工施工规范及验收标准。

① 电工在施工前应熟悉电路施工图纸或业主的要求，确保所有电器、开关、电话、电视、网络插座位置正确。

② 开关、暗盒定位按工程要求必须对称、纵横一致。

③ 购买的所有电线、电话线、电视线、网络线必须达到国家检测标准，杜绝产品不合格现象。

④ 电路开槽布管、穿线、检查并测试。电线接头牢固无松动，用双层绝缘胶布缠紧，并在接头处留有检修口。

⑤ 检查所有灯具的开关是否灵活，插座面板有无松动，杜绝出现导电、漏电现象。

⑥ 每组电路回路清楚可靠，符合用电要求。火线、零线要分色或有明显标记。

⑦ 请业主验收无问题签字后，用水泥砂浆把所有线槽、暗盒封闭好，以确保后期的正常施工。

（2）水路施工规范及验收标准。

① 确定所有洁具的冷、热水位置，冷、热水的出水口弯头距离纵、横必须在同一水平线上，出水口弯头间距不得小于 14.5 cm，以便三角阀及水龙头的安装。

② 购买的铝塑管或 PP-R 管及配件必须达到国家检测标准，杜绝劣质管件进入施工现场，避免隐患。

③ 水路开槽布管及配件接头必须牢固，进行闭水试验，检查是否有渗水现象，如有问题需立即解决，并进行二次检测。

④ 若无问题请业主验收签字，用水泥砂浆封好所有水管，将现场垃圾清理干净并交付下个班组。

（3）瓦工施工规范及验收标准。

① 为了确保施工进度，瓦工进入施工现场前，所有材料需购买到位，以免延误工期。

② 瓦工进入施工现场后必须确定所有拆除工程位置（封门、打墙、开门）及粉刷工程的完善。

③ 墙角粉刷必须在一条直线上，墙面粉刷做到平整收光。

④ 镶贴瓷砖需按照室内装饰标准找出地面标高，按墙体面积计算纵、横片数，并弹出水平线和垂直控制线。

⑤ 瓷砖的排列放置必须注意美观，边角的直条应放在比较陷落的拐角处。

⑥ 施工前瓷砖必须用水浸泡两个小时（全瓷玻化砖除外），确保所有地漏、下水畅通无阻。

⑦ 铺贴墙地砖颜色需一致，品种、规格要符合设计要求，不得有裂纹、缺棱掉角等现象。

⑧ 墙地砖与基层应黏结牢固、四角平稳，不得有起翘、空鼓等问题出现，所有出水口及插座开口大小必须符合要求，不得影响整体美观。

⑨ 墙地砖砖缝不得大于 1.5 mm，勾缝应均匀，施工完善后请业主签字验收，并清理所有瓦工垃圾。

（4）木工施工规范及验收标准。

① 木工进入施工现场后应先熟悉施工图纸，认准所有需做项目，安排好施工顺序，弹出所有房间的水平线（如有吊顶工程应从上而下施工，弹出吊顶标高线和吊点施工）。

② 安装石膏板接缝必须留有 3 mm 的缝隙，自攻螺丝必须低于石膏板表面。

③ 所有木制品的基层框架尺寸需划分准确，制作必须保持水平垂直，框架平整光滑。

④ 门窗套的制作必须保持水平垂直，底板平整光滑，之后方可涂刷乳胶，刷胶时不得有漏干，以保证面板底层黏合的牢固性。

⑤ 贴面板时，排钉距离必须一致，贴面板时需使用蚊钉枪。

⑥ 门套线与窗套线的制作 45°对角与接口缝必须严密，线条凸出面板的，应用小铁刨子处理平整，处理时不得伤及面板表层。

⑦ 对家具制作的尺寸划分要准确，以防制作橱门时带来不必要的影响，橱门的边角碰角处必须保持严密。

⑧ 橱柜内的保护同样重要，需做到无串钉、无毛刺。

⑨ 橱门安装缝口大小需均匀一致，抽屉内口必须收边无毛刺，所有橱门开关自如，抽屉推拉顺畅。

⑩ 做好成品保护，不准随手把钉子及施工工具放在做好的面板上，以免有划痕影响整体效果。施工现场必须保持整洁，每天清理一次。

⑪ 把做好的木制品全部检查一遍，确定无问题后，请业主验收签字。

（5）油漆工施工规范及验收标准。

① 木制品油漆的底层处理程序为清理基层污垢，用 320 号细砂纸打磨，刷底漆一遍，调色泥子，色泥颜色一定要与面层板颜色一致，补钉眼，干后用砂纸打磨，用棕刷把所有灰尘扫去。刷最后一遍，干后用细砂纸打磨细微颗粒 2~3 遍。涂刷最后一遍面漆时要用滤网过滤油漆里面的杂质再涂刷面漆，以确保其表面平整光滑。

② 处理墙面与顶面时，需将基层墙面清理铲除，满批泥子 2~3 遍，砂光找补裂迹，砂光平整。

③ 石膏板吊顶自攻螺丝应用防锈漆点刷一遍，然后把所有接缝处及自攻螺丝十字缝磨平。

④ 石膏板的边角接缝口应用牛皮纸贴好，贴牛皮纸时阴、阳角必须到位，贴好后用聚酯漆封闭，以防起皮脱落，然后再满批泥子 3 遍并用细砂纸打磨平整。

⑤ 刷乳胶漆结束后应及时把所有木制品上的乳胶漆清理干净，将现场清理干净，请业主验收签字。

2. 竣工验收与施工清单

竣工验收单和工程结算单是工程竣工时办理验收手续的必要文件，标志着整体设计和施工的结束，也是各方面的利益保障（表4-3、表4-4）。

表 4-3　家庭居室装饰装修工程竣工验收单

序号	主要验收项目名称	验收日期	验收结果
整体工程验收结果			
详细说明：			

全部验收合格后双方签字盖章：
发包方代表（签字盖章）：　　　　　　　　　承包方代表（签字盖章）：

年　月　日

表 4-4　家庭居室装饰装修工程结算单

1	合同原金额	
2	变更增加值	
3	变更减值	
4	发包方已付金额	
5	发包方结算应付金额	

发包方代表（签字盖章）：　　　　　　　　　承包方代表（签字盖章）：

任务拓展

1. 实地观摩和调研住宅室内装饰施工过程。
2. 分组收集关于住宅室内装饰施工方面的资料、案例。积累在材料选用、过程组织、流程管理、变更处理、验收规则等相关领域的施工资料，完成实训报告，并与同学展开讨论。

UNIT FIVE

项目五 住宅空间设计与改造案例

项目目标

本项目旨在对学生进行住宅空间设计理论与实践方面的基础教育，使学生掌握并学会运用一定的住宅空间设计理论知识（包括常用的住房户型分析、建筑设计基础规范、制图规范与技巧），具备从事设计工作所需的基本素质与设计制图能力。

学习任务	知识目标	技能目标
任务1 普通户型设计及案例分析	1. 了解住宅户型 2. 掌握设计及制图规范 3. 熟悉户型改造方法	1. 能够进行住宅户型分析 2. 能够灵活使用建筑设计规范 3. 能够熟练运用制图规范与技巧
任务2 小户型、超小户型设计及案例分析	1. 掌握住宅空间设计的概念、类型与风格 2. 掌握住宅空间设计中空间的布局、色彩运用、装饰材料运用、照明及家具与陈设设计原则	1. 具备独立进行原创住宅空间设计和表达的能力 2. 具备领导、管理和协调能力
任务3 旧房改造设计及案例分析	1. 全面掌握住宅空间设计项目的设计程序和完整工作过程 2. 了解住宅空间设计方面的发展状况以及最新动态	1. 具备设计实践能力 2. 具备设计分析与团队协作能力

任务一 普通户型设计及案例分析

任务导读

户型就是住宅的结构和形状。因为人们的生活需求和经济条件不同，户型也千变万化。本任务主要介绍普通户型设计并通过分析限定尺寸的四室两厅两卫、三室两厅两卫、两室两厅一卫的户型设计案例，掌握设计方法及规范与设计要点；掌握各户型空间的设计要求及组合方法；记忆住宅空间设计中的常用数据。

一、普通户型设计

普通户型设计的内容包括以下方面。

1. 户型类别配置

户型类别配置的首要工作即根据项目所处区位及周边总体环境，结合目标消费者定位，确定项目是以立体户型为主还是以平面户型为主，是以三室二厅二卫以上大户型为主还是以二室二厅一卫以下小户型为主，以及一室、二室、三室、四室、五室、复（跃层）式等分别应占多大比例。

2. 户型面积设定

从目前的市场实况看，由于生活习惯、居住观念的不同，我国不同地区的消费者对户型面积的要求存在巨大差异。在中国香港，通常将 70 m^2 做成三室，而北方地区二室的面积就大多超过 100 m^2。就是同一城市，不同类别的消费者对面积的要求也大相径庭：有的认为三室应在 100 m^2 左右，有的希望三室能做到 130 m^2 以上甚至 170 m^2；有的喜欢 70 m^2 的二室，有的希望二室超过 90 m^2……具体到某一楼盘，每种户型类别的面积到底以多少为宜，显然需要精心策划。

3. 户型类别分布

在很多项目中都有一些单纯从设计角度堪称优秀的户型，最后不幸沦为库存的情况，其原因在于开发商将它们放在了错误的位置。例如，面积大、总价高的户型被放在临近路边噪声相当大的地方，或景观较差的地方。在位置最好的地方设置总价最高的户型，在位置最差的地方设置总价最低的户型，是决定各类户型在项目中位置分布的基本原则。

4. 户型功能配置

有几个卫生间？有几个阳台？厨房是开放式还是传统的封闭式？要不要设置工人（保姆）房？要不要设置杂物间？要不要设置飘（凸）窗？……对于这些问题应站在市场角度，从项目整体定位的高度来审视，而不应由设计师从技术角度，单纯由建筑结构出发。

二、普通户型设计案例

1. 户型设计要求

（1）套内建筑面积为 120～140 m^2；

（2）户型要求：四室两厅两卫、三室两厅两卫、两室两厅两卫（其中一室可为书房、儿童房或多功能用房）；

（3）各空间必须符合《住宅建筑设计规范》《住宅设计规范》；

（4）必须考虑储藏空间；

（5）必须考虑空调室外机的摆放位置及管道布置位置；

（6）不需要考虑楼梯间的位置；

（7）总尺寸：总开间不得超过 14 m，总进深不得超过 12 m。

户型设计效果如图 5-1～图 5-3 所示。

项目五 住宅空间设计与改造案例 107

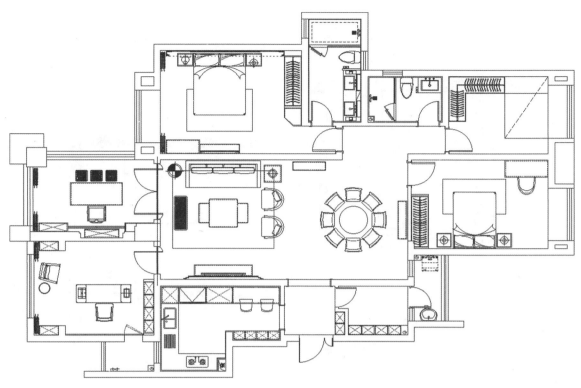

图 5-1 户型设计（一）：四室两厅两卫

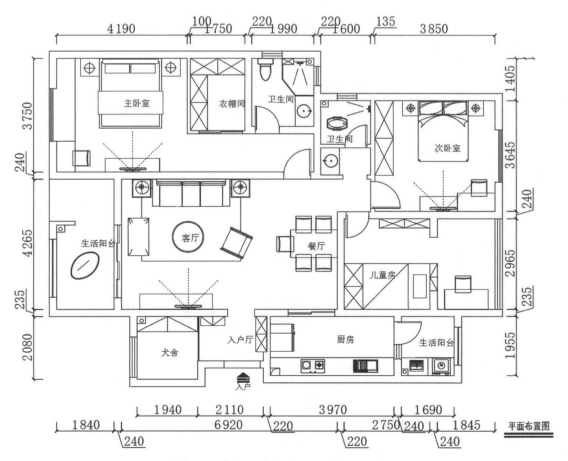

图 5-2 户型设计（二）：三室两厅两卫

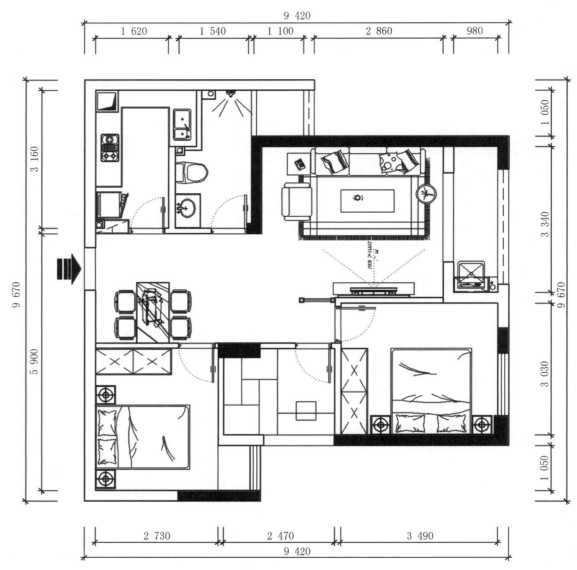

图 5-3 户型设计（三）：两室两厅两卫

2. 户型设计原则

功能比较完备的住宅产品通常具备六大基本功能，即起居、饮食、洗浴、就寝、储藏和工作学习，但在实际情况中，需根据项目定位和市场需求在这些功能中进行取舍。

（1）按开放程度分区。

① 公共活动区：该区域供起居交流用，如客厅、餐厅、入户花园、入户玄关等。在一般情况下，客厅和餐厅属于必备项目。本案例中，各户型下均需设置客厅和餐厅，而入户花园等则作为可选项。

② 私密休息区：私密休息区是指供居住者处理私人事务、睡眠休息用的区域，如卧室、书房、保姆房等。本案例中，各户型均需设置卧室，为保证灵活性，设计时可以使书房兼顾卧室的用途。其他功能间可根据户型的类型和大小进行选择。

③ 辅助区：对以上两部分区域功能起辅助作用的区域，如厨房、卫生间、储藏室、生活阳台等。本案例中，各户型均应设置厨房、卫生间和生活阳台，而储藏室等可根据具体情况进行选择。

（2）按活动频率分区。

① 动区。动区是指活动比较频繁，可以有较多的干扰源，使用人不固定的区域，如过道、客厅、厨房等。

② 静区。静区是指活动相对较少，要求安静，使用人较固定的区域，比如卧室、书房等。

这些分区各有明确的专门使用功能。在住宅空间设计上，应明确处理这些功能区的关系，使之使用合理而不相互干扰，达到动静分区。

3. 户型功能设计细节

（1）客厅。客厅既是家庭交谈的核心场所，也是家人休息娱乐的主要场所，往往同时兼具多种功能，在这个功能分区内，要考虑到会客、视听、家庭聚会等方面。在客厅设计过程中，应注意如下事项：

① 方正宽敞，提供足够的活动空间与恰当的家具摆放空间；

② 有两面完整的墙，沿客厅不能有过多的门，否则将减小客厅的有效使用面积，并使客厅内外的活动互相干扰；

③ 朝外的墙最好配有大跨度（至少应占客厅开间的1/3以上）的落地门（外接阳台），或落地凸窗，开窗方位最好向南；

④ 通风采光好、朝向好、景观好，客厅布置在住宅南面最佳；

⑤ 开间为3.6～5.0 m，进深开间比为1.2～1.5，也就是为4.2～7.5 m。

⑥ 结合当地购房者对大客厅的喜爱，应考虑适当扩大客厅面积。

此时，给人感觉比较舒适，也不会感觉很浪费空间。

（2）主卧室。主卧室主要是用来睡觉和休息以及从事一些私密性活动的场所，居住者一天中待在主卧室的时间相对最长。在主卧室设计过程中应注意以下事项：

① 远离客厅和餐厅，在较深处设置，保证不受干扰，提高私密性；

② 为了增加舒适度，主卧室中可以加入卫生间和落地窗等；

③ 通风、采光、朝向好；

④ 为保证舒适性，主卧室的开间以大于3.6 m为宜，面积大于15 m^2。

⑤ 结合当地购房者对大卧室的喜爱，应考虑适当扩大主卧室面积。

（3）次卧室。次卧室通常被用作客房或书房，使用的频率相对于客厅与主卧室低，因此，地位显得不是特别重要，但仍需具备充足的通风采光及不被其他区域干扰等条件。

（4）餐厅。餐厅与客厅既有关系又有区隔，应保持相对独立性。餐厅应靠近厨房，但要独立成区。餐厅最好有独立的通风与采光。餐厅应至少有两面墙夹一个角，这是考虑摆放餐桌方便与减少干扰。

在西方较为流行的是厨房餐厅一体化的布置，但我国烹调过程中油烟较多，这种布置方式未被广泛认同。

（5）厨房。厨房应靠近餐厅，不应远离入户门（便于杂物进出），通风、采光、直接对外，不宜紧邻卫生间，最好带有生活阳台。

（6）阳台。开放式阳台可以提供良好的视野并保证通风，加之阳台只算半面积的规定，阳台成为购房者喜爱的设计之一。阳台下部不宜砌死，最好使用栏杆，以使通风采光最大化。

① 景观阳台（一般在客厅处）宽度不应小于1.5 m。

② 生活阳台（与厨房相连接）宽度不应小于1.2 m。

（7）卫生间。卫生间要求通风、采光、直接对外、卫浴分离、干湿分离。

4. 户型各功能空间尺寸建议

（1）两房户型。该类户型的建筑面积一般为75～95 m^2，为满足舒适性要求，建议本案例中两房户型的面积控制在85 m^2左右，除去15%的公摊面积，实得建筑面积约为73 m^2。

根据项目定位，本案例适宜建设舒适性两房户型，其各功能空间的开间、进深及面积如表 5-1 所示。

表 5-1 两居房型各功能空间尺寸

功能空间	开间 / m	进深 / m	面积 / m²
主卧	3.3	3.4	10
次卧	1.8	3.4	6.2
客厅	3.4	4.1	14
餐厅	3.5	1.5	5
卫生间	1.9	2.2	4
厨房	2.1	2.4	5
景观阳台（可无）	3.9	1.7	6.6（半面积后为 3.3）
生活阳台（可无）	2.1	1.9	4（半面积后为 2）
实得面积			49.5

注释：

● 上表取值为最小值，一旦低于此表中的数值，就会降低相应空间的舒适度，不建议实际户型低于此表中的数值。

● 根据最小值算得的实得面积为 55 m²，大于表 5-1 中的 49.5 m²，因此，只要保证相应空间不低于最小值即可。剩余的面积可以提供其他功能，如院馆，或优化某些功能，如扩大卧室面积等。

● 主卧：主卧中衣橱是必要的，按宽度 0.6 m 算，床和衣橱间留 0.6 m 通道，床和窗之间再留 0.6 m 通道，床宽 1.8 m，开间为 3.6 m，令人感觉舒适。卧室可设计圆弧形落地窗（市场空白），主卧最好朝南且朝向景观面。

● 次卧：要使次卧感觉舒适，其开间应不小于 3.3 m，面积不小于 3.3 m×3.0 m，即不小于 10 m²；对次卧的要求没有对主卧的要求高，可以在满足对主卧和客厅等要求的基础上，对它进行最优设计。

● 客厅：要实现客厅的正常使用功能，其开间不小于 3.6 m，且深度开间比一般为 1.2～1.5。由于是两房户型，可以使客厅更大气些，故此处设置的开间最低值为 3.9 m。可以在客厅外连接一个大落地门（外接阳台）或落地突窗，窗子最好向南，且朝向景观面。

● 卫生间：为安装条式浴缸，卫生间开间必须大于 1.6 m，同时为满足马桶、洗手池装置的要求，其进深应大于 2.2 m。卫生间内最好有窗户，以起到通风采光的作用。

● 厨房：厨房操作台宽一般为 0.6 m，因为人自由活动空间理想宽度为 1.5 m，故厨房的开间取 2.1 m，厨房总面积不超过 6 m²，所以，进深为 2.4 m 较为理想。厨房外最好配备一个生活阳台，这样不仅可以提供良好的通风和采光，而且可以方便洗衣机的摆放和湿衣服的晾晒。

● 阳台：生活阳台一般与厨房同宽，至少为 1.5 m，长度随建筑设计而变，但一般不会少于 1 m；观景阳台一般与卧室或客厅同宽，阳台的一半计入建筑面积。

● 可以通过设置院馆来间接提高户型的实际可使用面积，该部分可由居住者自由打造并进行功能布置，给居住者生活的乐趣，并提供一个可扩展的空间，解决空间狭小和空间的后续发展问题。

（2）三房户型。该类户型的建筑面积一般大于 100 m²，最高可达 130 m² 以上，为满足舒适性要求，建议本案例中三房户型的面积控制为 110～130 m²，除去 15% 的公摊面积，实得面积为 94～110 m²。

根据项目定位，本案例适宜建设舒适性三房户型，其各功能空间的开间、进深及面积如表 5-2 所示。

表 5-2 三房户型各功能空间尺寸

功能空间	开间 / m	进深 / m	面积 / m²
主卧	3.6	4.6	18
主卫	2	2.5	5
次主卧	3.6	3.3	12
次卧	3.3	3	10
客厅	4.4	5.3	23
餐厅	4.2	1.7	7
公卫	1.6	2.5	4
厨房	2.1	2.9	6
景观阳台	4.5	1.6	7（半面积后为3.5）
生活阳台	2.1	2.4	5（半面积后为2.5）
实得面积			91

注释：

- 上表取值为最小值，一旦低于此表中的数值，就会降低相应空间的舒适度，不建议实际户型低于此表中的数值。
- 根据最小值算得的实得面积为 94 m²，大于表 5-2 中的 91m²，因此，只要保证相应空间不低于最小值即可。剩余的面积可以提供其他功能，如储藏室、临时客房，或优化某些功能，如扩大卧室面积等。
- 主卧：开间为 3.6 m，面积为 18 m²，大气舒适。卧室可设计一个 270°视角的大飘窗或一个适当的景观阳台，主卧最好朝南且朝向景观面。
- 次主卧和次卧：开间应不小于 3.3 m，两个次卧的面积分别为 12 m² 和 10 m²，可在次卧内设置衣柜和电视等。次卧还可以改造成婴儿室、书房等。对次主卧和次卧的要求没有对主卧的要求高，可以在满足对主卧和客厅等要求的基础上，对它进行最优设计。
- 客厅：要实现客厅的正常使用功能，其开间不小于 3.6 m，且深度开间比一般为 1.2～1.5。由于是三房户型，同时又是目前市场的热销户型，根据当地购房者对大客厅的需求，客厅面积有所加大，故此处设置的开间最低值为 4.4 m。可以在客厅外连接一个大落地门（外接阳台），窗子最好向南，且朝向景观面。
- 主卫、公卫：一般情况下，卫生间的面积为 3～5 m²，不同卫生间根据其用途和功能会有所差异，一般主卫面积大于次卫。卫生间内最好有窗户，以起到通风采光的作用。
- 厨房：3A 级住宅要求厨房面积不小于 8 m²，净宽不小于 2.1 m，厨具的可操作面净长不小于 3 m；2A 级面积不小于 6 m²，净宽不小于 1.8 m，可操作面不小于 2.7 m；1A 级住宅的相应数据则分别是 5 m²、1.8 m 和 2.4 m。厨房外最好配备一个生活阳台，这样不仅可以提供良好的通风和采光，而且可以方便洗衣机的摆放和湿衣服的晾晒。作为三房户型，一般厨房的使用率较高，且厨房的操作人员至少为 2 人，故应设计成至少 2A 级以上的厨房。
- 阳台：生活阳台一般与厨房同宽，至少为 1.5 m，长度随建筑设计而变，但一般不会小于 1 m；观景阳台一般与卧室或客厅同宽，阳台的一半计入建筑面积。对于三房户型，阳台的设置必不可少。
- 可根据设计需求布置其他功能的空间，如储藏室、院馆等。

（3）四房户型。该类户型的建筑面积一般大于 130 m²，最高可达 160 m² 以上，为满足舒适性要求，建议本案例中四房户型的面积控制为 140～160 m²，除去 15% 的公摊面积，实得面积约为 119～136 m²。

根据项目定位，本案适宜建设舒适性四房户型，其各功能空间的开间、进深及面积如表 5-3 所示。

表 5-3 四房户型各功能空间尺寸

功能空间	开间 / m	进深 / m	面积 / m²
主卧	4.2	4.8	20
主卫	2.1	2.8	6
次主卧	3.6	3.9	14
次卧	3.3	3	10
书房	3.3	3	10
客厅	4.5	6.2	28
餐厅	4.2	2.4	10
公卫	1.6	3.1	5
厨房	2.4	3.3	8
景观阳台	4.5	1.8	8（半面积后为4）
生活阳台	2.4	2.5	6（半面积后为3）
实得面积			118

注释：

● 上表取值为最小值，一旦低于此表中的数值，就会降低相应空间的舒适度，不建议实际户型低于此表中的数值。

● 根据最小值算得的实得面积为 119 m²，大于表 5-3 中的 118m²，因此，只要保证相应空间不低于最小值即可。剩余的面积可以提供其他功能，如储藏室、棋牌室，或优化某些功能，如扩大卧室面积等。

● 主卧：开间为 4.2 m，面积为 20 m²，大气舒适。卧室可设计一个圆弧形落地窗或一个适当的景观阳台，主卧最好朝南且朝向景观面。

● 次主卧和次卧：开间应不小于 3.3 m，两个次卧及书房的面积分别为 14 m²、10 m²、10 m²，可在次卧内设置衣柜和电视等。次卧还可以改造成婴儿室、老人房等。对次主卧和次卧的要求没有对主卧的要求高，可以在满足对主卧和客厅等要求的基础上，对它进行最优设计。

● 客厅：要实现客厅的正常使用功能，其开间不小于 3.6 m，且深度开间比一般为 1.2～1.5。由于是四房户型，可以使客厅更大气些，故此处设置的开间最低值为 4.5 m。可以在客厅外连接一个大落地门（外接阳台），窗子最好向南，且朝向景观面。

● 主卫、公卫：考虑到 140～160 m² 户型为最大户型，主卫生间除淋浴、马桶、台盆以外，还需要安放浴缸或其他柜体的空间，因此，此处主卫面积相对其他户型略大 1 m² 左右。卫生间内必须有窗户，以起到通风采光的作用。

● 厨房：3A 级住宅要求厨房面积不小于 8 m²，净宽不小于 2.1 m，厨具的可操作面净长不小于 3 m；2A 级住宅要求厨房面积不小于 6 m²，净宽不小于 1.8 m，可操作面不小于 2.7 m；1A 级则住宅的相应数据分别是 5 m²、1.8 m 和 2.4 m。厨房外最好配备一个生活阳台，这样不仅可以提供良好的通风和采光，而且可以方便洗衣机的摆放和湿衣服的晾晒。四房户型作为最大的户型，一般厨房的使用率较高，操作人数较多。除橱柜、冰箱以外还会增加其他物品或柜体，故应设计成至少 3A 级以上的厨房。

● 阳台：生活阳台一般与厨房同宽，至少为 1.5 m，长度随建筑设计而变，但一般不会少于 1 m；观景阳台一般与卧室或客厅同宽，阳台的一半计入建筑面积。对于四房户型，阳台的设置必不可少。

● 可根据设计需求布置其他功能的空间，如储藏室、家庭影院等。

任务拓展

普通户型优劣势分析如图 5-4～图 5-6 所示。

本户型为三室两厅两卫，面积约为 102 m²。

优点：本户型结构紧凑，南北向有阳台，通风采光良好，户型方正，使用方便，开间、进深比合理。

缺点：客厅内动线较多，私密性不强，几个私密空间被分隔开。

图 5-4　户型案例一

本户型为三室两厅两卫，面积约为 120 m²。

优点：呈南北走向，各个空间开间、进深比合理，空间面积大小合理，景观阳台大，视野开阔。

缺点：生活阳台布局不合理，客厅动线较多，房间功能性布局有待斟酌。

图 5-5　户型案例二

114 项目五 住宅空间设计与改造案例

本户型为三室两厅两卫,面积约为 140 ㎡。

优点:呈南北走向,各个空间动、静线布局合理,卫生间、厨房布局合理,各个空间通风、采光良好。

缺点:走廊将客厅、餐厅的整体空间进行分割,空间开阔感减弱,主卧户型结构上不方正,户型结构有效利用率不高,客厅的阳台为内包阳台,面积较小,通透性不好。

图 5-6 户型案例三

房型好的住宅设计应能体现舒适性、功能性、合理性、私密性、美观性和经济性。好的住宅布局在社交、功能、私人空间上应做到有效分隔。一般来说,客厅、餐厅、厨房是住宅中的动区,应靠近入户门设置;卧室是静区,应深入设置;卫生间设在动区与静区之间,以方便使用。

房型好的住宅采光口与地面比例不应小于 1∶7;房间宽度不应小于 3.3 m;主卧室宽度不宜小于 3 m,面积应大于 12 m²,次卧室的面积应在 10 m² 左右;餐厅应是明间,宽度不宜小于 2.4 m;厨房净宽度应在 1.5 m 左右,宜带有生活阳台;带浴缸的卫生间净宽度不得小于 1.6 m,如为淋浴则净宽度不得小于 1.2 m。另外,房型设计还应考虑住房的"时期消费"特点,即针对不同的家庭结构、不同的年龄层次,设计出合适的住宅生活空间。

(1)起居室(客厅):两个基本原则是,其一,起居室的独立性;其二,起居室的空间效率。现在,有的户型中起居室也仍然保留着过去"过厅"的角色;有的户型设计了独立的起居室和交通空间分离,但也因此相对增加了户型面积。此外,要考察起居室四周的墙面是否好用,开门、开窗、阳台、卫生间位置是否恰当,否则会影响家具的摆放与使用,降低空间使用效率。起居室的采光口小或采光口凹槽深,会影响室内采光,使起居室较暗。

(2)厨房:购房者应当首先考虑自己的烹饪、餐饮习惯。在空间布局方面,开放式厨房有很好的空间效果,可以充分展示个性化装修的魅力,也适应现代化的生活时尚,但对于我国的传统烹饪方式其排油烟功能有所欠缺。在面积标准方面,厨房是集储藏、备餐、烹调、配餐、清洗等功能于一体的综合服务空间,必备的设备需要足够的面积。根据建设部的住宅性能指标体系,3A 级住宅要求厨房面积不小于 8 m²,净宽不小于 2.1 m,厨具的可操作面净长不小于 3 m;2A 级住宅要求厨房面积不小于 6 m²,净宽不小于 1.8 m,厨具均可操作面净长不小于 2.7 m,1A 级住宅的对应数据则分别是 5 m²、1.8 m 和 2.4 m。

(3)卫生间:满足三个基本功能,即洗面化妆、淋浴和便溺,而且最好能有所分离,以避免使用冲突。从卫生间的位置来说,单卫的户型应该注意卫生间和各个卧室,尤其是主卧的联系,双卫或多卫的户型，公用卫生间应设在公共使用方便的位置，但入口不宜对着入户门和起居室。从面积角度来看，带浴缸的卫生间净宽不应小于 1.6 m，淋浴的净宽不宜小于 1.2 m。

（4）卧室：一般来说主卧室的宽度不应小于 3.6 m，面积为 14～17 m^2，次卧的宽度不应小于 3 m，面积为 10～13 m^2；应注意卧室的私密性，和起居室之间最好能有空间过渡，若直接朝向起居室开门应避免通视。

（5）辅助空间：辅助空间包括阳台、储藏间等。这部分面积虽小，但在日常生活中的地位非常重要。比如储藏间，包括杂物储藏柜、进入式衣柜等多种形式，可以很有效地节省户内的家具空间。

总之，小户型经济住宅强调基本生活要求；普通型住宅强调主要功能齐全和空间的灵活适应性；豪华型住宅强调创造高质量的生活环境，注重细节，突出个性。

请根据以上内容，设计一个实用的户型。

任务二　小户型、超小户型设计及案例分析

任务导读

随着我国城市化进程加快，城市家庭越来越小型化和多元化，而城市住宅越来越精细化。城市小户型（超小户型）住宅家庭社会构成包含两方面的含义，一是由家庭社会收入决定的家庭社会阶层属性，二是由家庭成员数量决定的家庭结构大小。对于小户型（超小户型）住宅，通过良好的整体设计，也能体现住宅的舒适性，其功能、设施齐全。因此，小户型（超小户型）住宅的经济性和舒适度并没有降低，反而在提升。本任务着重从功能分区的合理、实用方便，房间整体效果的清新、明亮，空间氛围的舒适宜人，材料的生态环保等方面进行分析。

一、小户型设计

小户型设计的内容包括以下方面。

1. 小户型的界定及类型

目前，业内人士对小户型并没有一个严格的规定，但发达地区比较认可的一种说法是，一居室建筑面积为 50～60 m^2，两居室建筑面积在 80 m^2 以下，三居室建筑面积在 100 m^2 以下的都叫"小户型"。小户型由于面积小，空间安排得相对紧凑，客厅的面积在 20 m^2 以内，卧室面积在 15 m^2 以内。无论一居室、两居室还是三居室，一般都只有一个卫生间。其特点是每个空间面积都比较小，但能满足人们生活的基本需求（图 5-7、图 5-8）。

116　项目五　住宅空间设计与改造案例

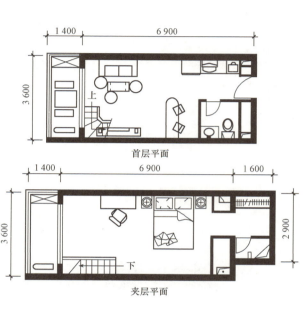

图 5-7　平面布置图　　　　　　　　　图 5-8　平彩图

小户型住宅按产权的归属方式，可分为普通住宅、酒店式公寓和产权式商务酒店三种类型。其中小户型住宅加上酒店式管理，在楼盘市场上潜力巨大。虽然小户型住宅的建筑面积最小为 20 m^2，最大不过 100 m^2，但面积小并不等于档次低，小户型住宅仍然设计合理、功能齐全。在不影响居住的前提下，小户型住宅还具备会客、洗浴、做饭等功能。小户型住宅的地理位置一般是在大城市市中心、商务中心区，以及距离市中心稍远但交通便捷的地方，地理位置十分优越和便捷。

但从内部空间设计的角度来看，户型面积越小，难度越大，因此一室一厅、两室一厅、一室两厅、两室两厅等中小户型在功能配置上就比较简单，一般就是厅、房、厨、卫、阳台等"五大件"，功能分区也不尽完美。

2. 功能空间设计区别

小户型的各个功能空间的设计相对紧凑合理、经济实用，只是空间比较狭小。因此，在设计中应正确处理它们之间的功能关系，将各个分区合理地进行分配，保证室内流线顺畅，减少户内交通面积和相互之间的干扰，提高室内有效使用面积，使功能分区既明确又适宜。从装饰的角度来讲，主要是解决小空间给人在视觉和心理上所造成的压抑感和拥挤感，实现心理上的舒适。

（1）尽量避免添加不必要的装修结构。例如，吊顶原本的目的之一是对过于高大的空间进行调整，而目前普通小户型居室的高度多为 2.7 m 左右，显然，吊顶这一装修结构可以免去；墙面也不必有太多的装饰，否则只会因烦琐而形成视觉上的拥挤感。这样可以有效地扩大空间视野，减少压抑感和拥挤感。

（2）利用家具来组织并划分空间。在小户型的餐厅和客厅之间，如果直接用墙体进行隔断形成实体空间，难免显得拥挤。但如果充分利用家具灵活方便的特征，利用橱柜、酒柜、吧台等来分隔，则既保证了空间原有的宽敞性，又满足了人们的使用功能，提高了空间的利用率。可以在书房与过道之间、客厅与餐厅之间等用书柜代替隔断墙，这是既节省空间又美观的做法。作为具有隔断功能的书柜，书柜中需要摆放相对整齐的书籍和装饰物，不能太过随意。同时，家具造型的装饰效果也引人注目，这样就使实用性和装饰审美性得到了完美的统一（图5-9）。

以日本某住宅平面设计图为例（图5-10），该住宅的居住面积是70 m²，空间稍显狭小，有4个房间。门厅与走廊贯穿，走廊直接通往东面的起居室、餐厅，走廊两侧各有一间西式房间。中间是浴室、卫生间等房间。起居室、餐厅、厨房几乎连为一体，因此使人感到空间加大了。此外，门厅、各房间均配备储物间。

图 5-9　餐厅

图 5-10　平面图

3. 色调的运用

不同的色彩可带给人们不同的空间感、距离感、温度感、重量感。例如，红、黄、橙等色可给人以温暖的感觉，蓝、青、绿等色可给人以寒冷的感觉；高明度色彩可使人有扩大的感觉，低明度的色彩可使人有缩小的感觉；暖色调、冷色调分别使人感觉凸出或凹进。耀眼的暖色调使人感觉重，淡雅的冷色调使人感觉轻。所以，合理利用色彩的特有性质，可使房间面积在感觉上变大。

针对小户型的主要居住人群是以追求时尚的年轻人为主的现状，大面积墙体的色彩可以主选乳白色、象牙色和白色。因为这三种颜色与人的视觉神经最适合。另外，浅蓝色、浅咖啡色等高明度的灰色，也可以选用，因为高明度的灰色有利于营造温馨、舒适、优雅的情调。

总之，小户型住宅的色彩宜淡不宜浓。很多人都愿意给自己的居室涂上一些彰显个性的色彩，但是，对于小户型，如果用过于饱满和凝重的色彩，很容易让人产生压迫和局促的感觉。相反，冷色调中比较鲜亮的颜色，对于小户型而言刚好合适，这些色彩能够带给人扩散、延伸的视觉感受，让人觉得空间比实际更大一些，同样也能带给人轻松、愉快的心理感受。同样需要避免的是在墙壁上进行过多材质和过多色彩的处理，这样非但不能体现出居住者的个性和品位，反而会让人觉得杂乱无章、喘不过气。因此，在某个基本色的基础之上，作一些有节制的变化，是小户型设计时的明智之举。

以波兰某小户型住宅设计为例（图 5-11～图 5-13），这个小户型住宅的主人是一对年轻夫妇。室内整体敞亮通透，以简约的黑白作为主色调。橡木白地板和简约素淡的家具使空间在视觉上显得更为宽敞。装饰物如椅垫、水果、书籍等凸显出色彩上的对比和协调。

图 5-11 厨房（一）

图 5-12 厨房（二）

图 5-13 客厅

4. 灯光的营造

在住宅室内灯光设计上要解决两方面的需要，一方面是房间照明的需要，另一方面是塑造空间、烘托情调的需要。在小户型的住宅空间灯光设计中，这两个方面的需要是要合二为一考虑的。

满足房间照明的需要，可以采用让主光源满足各个功能空间整体照明需要的方法。对于灯光应尽量少用吊灯（餐厅、阳台除外），餐厅需要光线集中，把桌面照亮，所以，可用吊灯打出均匀光。但是，住宅不需要像办公室那样通亮，而是需要温馨的气氛，可用筒灯、射灯、壁灯、落地灯等。不同色调、亮度的灯光可以区分不同的空间，同时也可以营造气氛。

光影在墙面上（或其他物体上）形成的明暗和变化很有美感。通过对光影的正确运用，不仅可以使小空间得到延伸，而且还可以营造出各种情调气氛。如小户型的舒适、温馨感觉可以通过灯光的调节来体现。为了在客厅塑造一种亲切的气氛，可以选用传统的顶灯或吊灯，四壁辅以上射、下射和背射光源的组合。在卧室应该尽量减少普照式光源的亮度，因为太单一的、明亮的光照会使空间缺乏温暖感，而低照度的暖色光可以使人产生柔软和温情的感觉。厨房对照明的实用性有很高的要求，可以选用隐蔽式下射荧光灯为厨房的工作台面提供照明。在储藏柜内部安装射灯可以充分展示内部餐具、玻璃器皿或其他物品，使其焕发出晶莹剔透的视觉效果。住宅中的灯光照明还可以创造出或浪漫或平易的情调，展现出庄重或随意的气氛，也可以用照明来满足某一区域的特色要求。

5. 装饰材料的选择

当前流行的装修理念是：健康就是美丽。装修装饰应选用无毒无害无污染、符合"绿色标准"的生态环保材料。这一点已经成为人们的共识。在此基础上，在小户型的装修中，为了营造现代、时尚的文化情趣和温馨、舒适的效果,应当首选玻璃材料、金属材料、木材、竹材和各种纤维织物等装饰材料。运用这些材料制作的装饰物品有通透、新颖,造型现代、简洁、流畅、轻柔、温暖的视觉和心理特征,能有效地改善小空间的视觉感受,有利于形成明亮、轻快的效果,有效地减轻狭小空间的压迫感。如玻璃台面可以增加视觉的通透性。玻璃花砖不仅典雅美丽,而且有利于光线的穿透,使室内光线明亮柔和。木材的自然纹理、柔和温暖的视觉和触觉特性,是营造温馨、舒适的视觉效果的最佳材料。在室内适宜的木材用量可以增加人们的温暖感、稳定感和舒畅感。各种纤维织物如窗帘、布艺、地毯等是典型的软质材料,在使用中因其图案色彩丰富、造型多样而使空间装饰呈现浪漫、亲切、富有生机的时尚特征,其松软轻柔的质地又很好地体现了家具的温馨实用性。另外,玻璃、丝绸等材料具有透明与半透明的特点,使用这类材料可以使住宅空间视觉开敞又不失神秘感。

总之,小户型住宅的发展是当今社会的一大趋势,如何更好地利用小空间,将小空间做大是设计师努力的方向。要通过功能布局、色调的运用、灯光的营造、材料的选择等方面的具体实践,以实用功能为先,采取精减原则,做到"寸土必争",使住宅环境拥有合理的空间,做到合理规划设计布局,实现空间和心理上的以小变大,从而打造出温馨浪漫的实用空间环境。

二、超小户型设计

国内超小户型的起源是日本,在第二次世界大战中的惨败让日本约 160 个城市受害,420 万住宅短缺,因此,战后初期日本最重要的任务是进行大批量的住宅建设。"NLDK"型方案应运而生,L(起居室)、D(餐厅)、K(厨房)为住宅的主要元素,其他功能空间围绕 L、D、K 元素布置,小户型至今仍为日本城市住宅主流。我国对超小户型的界定亦有国家规范,2012 年 8 月 1 日实施的《住宅设计规范》规定:由卧室、起居室(厅)、厨房和卫生间等组成的套型,其使用面积不应小于 30 ㎡;由兼起居的卧室、厨房和卫生间等组成的最小套型,其使用面积不应小于 22 ㎡。

三、超小户型及设计方案对比

下面分别对长江实业"蚊型屋",万科"米公寓",绿地"小爱",这 3 个建筑面积在 30 m² 以下的超小户型进行比较。

1. 户型得房率对比

户型得房率对比如表 5-4 所示。

表 5-4　户型得房率

项目	长江实业"蚊型屋"	万科"米公寓"	绿地"小爱"
建筑面积 / m²	23.94	18	30
使用面积 / m²	16.44	12 ~ 13	18
得房率 / %	68	66 ~ 72	60

2. 户型设计方案对比

(1) 房屋功能分区如图 5-14 ~ 图 5-16 所示。

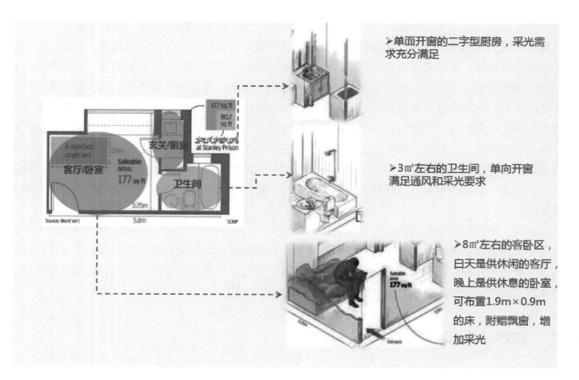

图 5-14　长江实业"蚊型屋"房屋功能分区

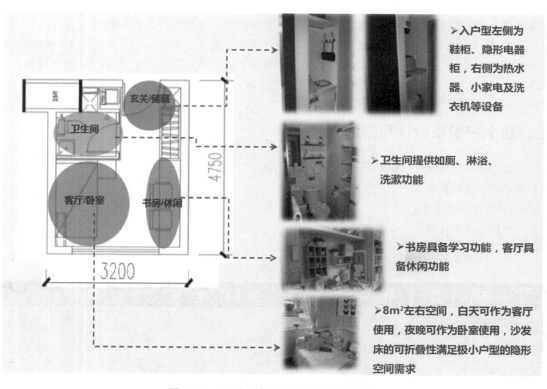

图 5-15　万科"米公寓"房屋功能分区

项目五 住宅空间设计与改造案例 121

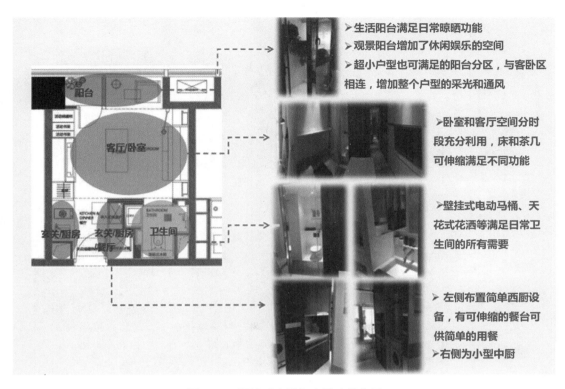

图 5-16 绿地"小爱"房屋功能分区

（2）房屋收纳空间设计如图 5-17～图 5-19 所示。

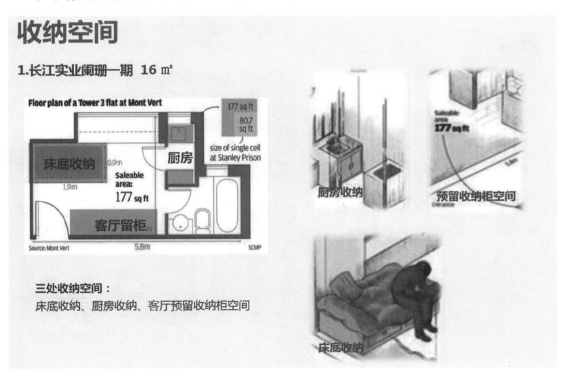

图 5-17 长江实业"蚊型屋"收纳空间

122　项目五　住宅空间设计与改造案例

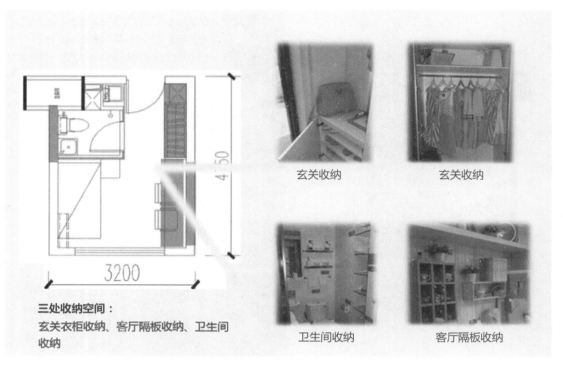

图 5-18　万科"米公寓"收纳分区

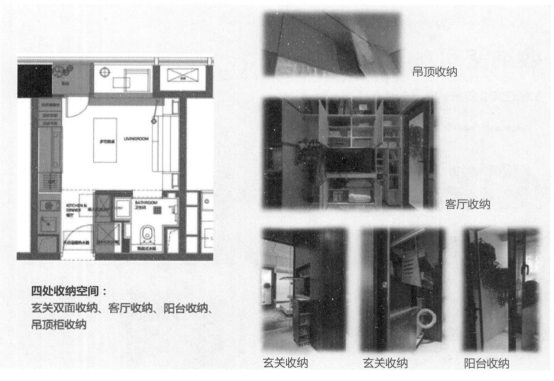

图 5-19　绿地"小爱"收纳分区

3. 综合对比

户型对比如表 5-5 所示。

项目五　住宅空间设计与改造案例　123

表 5-5　户型对比

长江实业"蚊型屋" 16m²	万科"米公寓" 18m²	绿地"小爱" 18m²
◆简单的三个功能空间（卧室、厨房、卫生间）只满足基本需要，对于玄关、阳台之类享受型空间尽量舍弃 ◆蚊型屋的设计特色在于厨房和卫生间，在16m²的户型中能保证明厨明卫实在难得，更贴心的设计是在卫生间预留了浴缸这类纯享受型家具的位置 ◆整个户型的收纳空间设计并不到位，设计师可能考虑到购买客群的消费能力有限，且多窗设计必然减少收纳空间	◆万科"米公寓"将客群完全锁定成刚刚毕业的年轻单身，所以连厨房都直接忽略，取而代之的是针对年轻人学习需求的书房功能 ◆户型设计无任何居家痕迹，更像是照搬了学校的宿舍，做了一个高品质版的单人宿舍	◆绿地"小爱"的受众客群更为宽泛，因为户型设计更为居家；入口玄关还特意区分了中、西厨；南向阳台设计已经奢侈，但是还划分了生活阳台和观景阳台；天花的自动幕帘可随时划分隐私区域 ◆收纳空间更为丰富，床下、墙壁都预留了大量空间，显然是为了已经具有一定消费能力的客群准备 ◆不足的是得房率较低

四、55 m² 老小区户型设计方案

1. 户型情况介绍

面积：55 m²；常住人口：3 人；适用类型：居住。

55 m² 老小区户型如图 5-20 所示。

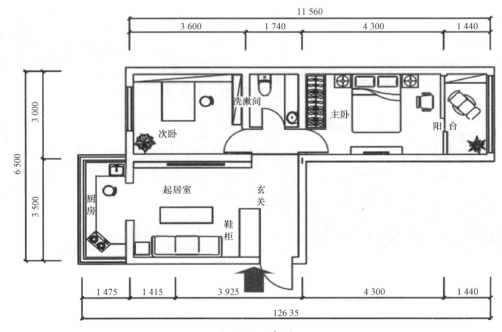

图 5-20　户型

2. 户型设计方案

（1）收纳空间。多层木板搭造的收纳空间整齐美观。手工编织的竹筐造型各异，整齐地摆放，更增添了空间整体的古朴气息。木质圆凳上的彩绘色彩鲜艳，灵动可爱，再加上隔板上的古朴装饰品，整体搭配自然协调。坐于此处上网，看着周围古典的装饰，畅游在现代网络之中，仿佛穿越一般，更增添了空间的神秘感（图5-21）。

（2）厨房。厨房整体采用实木装饰，清晰可见的木质纹理使厨房充满了复古气息。砖块拼接而成的墙壁仿佛古代的城墙，不仅耐脏，而且颇有古韵。用木板搭造而成的收纳板可以存放不同的厨房用品，节省空间。各种现代化的厨房用具又使厨房增添了现代化的氛围（图5-22）。

纯白色的水池干净整洁，搭配木色的碗柜，古香古色。金属支架存放菜板，不仅节约空间，而且避免了与水台接触受潮，非常实用。抽屉式的碗柜保证了餐具的卫生。窗台上的各种透明的调味瓶大小不一，摆放整齐，增添了厨房的生气。木质隔板上摆放的古典用具，手工编织的小筐，橘色、红色、土色的陶艺器皿都增添了古朴气息。另一侧的现代化厨房用具又使古典中透出现代，两者结合得非常自然（图5-23）。

图 5-21　收纳空间

（3）洗漱间。洗漱间里，白色为主要色彩，给人干净整洁的感觉。宽敞的大镜子不是一个单一的整体，而是几块拼接而成的，这更增添了洗漱间的立体感。对面墙上，木板打造的分层收纳空间，每层都摆上了两个竹制手工编织的收纳筐，增添了洗漱间的收纳性，装饰收纳两不误。洗漱台上整齐摆放着各种洗漱用品，搭配一小株绿叶植物，清新自然（图5-24）。

（4）主卧。卧室是最能给人温馨的地方。温暖舒适的卧室可以让人们从繁忙的工作中解放出来，更好地享受生活的乐趣。白色为主的被褥、小方格的造型、淡雅的色彩，使空间显得清新自然。半透

图 5-22　厨房（一）

明的帘子挡住了衣柜区域，里面的衣物整齐地悬挂着，透过半透明的帘子清晰可见，自然简洁。白色的窗帘及其上的装饰更显自然淡雅。搭配一盆翠绿色的小植物，自然气息无法阻挡（图5-25）。

（5）次卧。次卧作为孩子的卧室，充满了强烈的色彩对比，富有童真童趣。木制的书桌宽敞大方，书桌上摆放着各种小摆件，造型可爱、色彩亮丽，可体现孩子灿烂的童心。金属打造的装饰墙，摆放上各种小物品，个性张扬。小点点造型的床单活泼可爱，搭配一个红色的抱枕更突显孩子丰富的内心世界。用照片作为墙面的装饰，将孩子的成长过程记录在家人的心中，更显温馨之情（图5-26）。

图5-23 厨房（二）

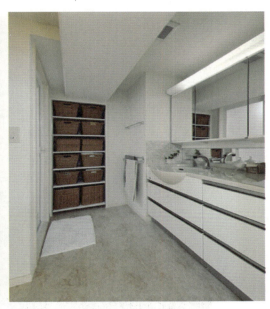

图5-24 洗漱间

图5-25 主卧

图5-26 次卧

任务拓展

根据对小户型的分析与介绍，对图5-27所示小户型方案作更改，介绍改造方案的合理性。

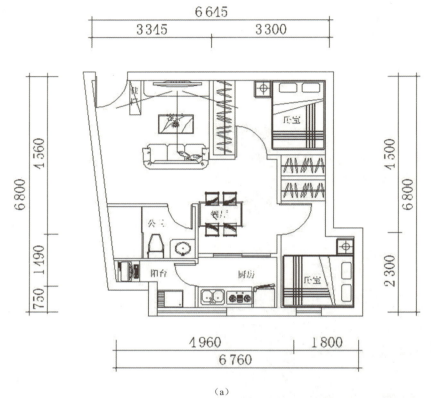

（a）

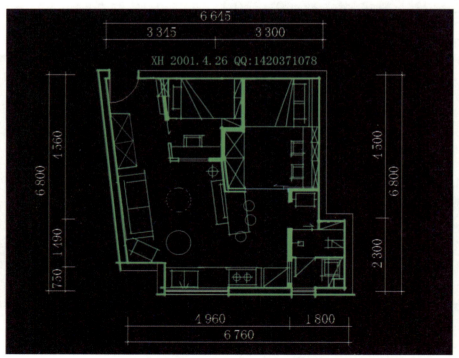

（b）

图 5-27　小户型改造

（a）改造前；（b）改造后

任务三　旧房改造设计及案例分析

> **任务导读**
>
> 改革开放以来建设的商品房，至今已经历数十年的生活损耗，原有的房屋装修已经不堪入目。空间布局不合理、装饰材料老化、设备陈旧等客观因素已经严重影响人们的生活质量。旧房改造装修成为迫在眉睫的要解决的社会环境建设问题。

一、旧房改造的现状及可行性

1. 现状分析

20 世纪 80 年代，由于政治、经济和需求等方面的原因，住宅面积标准虽经不断调整，但主导户型始终以小面积、一室半户型为主。虽有部分两室户型，但也存在室内面积小的问题，无法做到"食寝分离，动静分区"。单体建筑多为一字型，楼大都呈行列式布局，使建筑立面结构单调，无法与城市规划环境匹配。这种类型的住宅在一定时期，在很大程度上解决了城镇居民的居住问题。然而在社会生活日益丰富的今天，其景观环境、基础配套设施、套型平面等方面已不适应居住需求。

但由于该部分住宅所在区位较好，20 世纪 80 年代中小城市的住宅基本都围绕文化行政中心建设，若大面积拆除，将带来较大的社会影响，同时也有悖于建设节约型社会的主流价值观。在经济上，拆除过程要消耗可观的人力、物力、运力，拆除意味着新建，也会消耗大量的资源，是建筑资源和社会财富的巨大浪费。同时，拆除产生大量的粉尘和不可降解的建筑垃圾，会造成环境污染。

综上所述，对这一时期的老旧住宅，若通过对其加以改造便能有效使居住条件得到改善，这些资源将得以继续利用。尽量通过改造使其满足今天的居住要求，这样既能缓解城镇居民的住房压力，又符合可持续发展的要求。

2. 可行性分析

目前，中国大力倡导创建节约型、节能型社会，可持续发展观已经成为社会共识。广大民众也急切盼望改造居住条件，可持续发展的理念也能得到各级政府的重视和政策鼓励。

随着普通家庭成员的增多，家庭结构的变化导致每个家庭都有新购住房的刚性需求，然而房价不断上涨，普通家庭对商品房的购买力却有限。若能在花费较少的情况下，对旧房加以改造利用，从而提高生活品质，将会得到广大民众的大力支持。

20 世纪 80 年代的住宅成套率较高，可改造性强，同时，住宅建筑技术的不断提高、新型建筑材料的大量普及，为改造提供了技术保障和物质支持；结构技术的创新为套型和单体住宅改造提供了更多的选择和可能；施工技术的进步、新材料的使用能有效缩短工期，减少改造工程对居民生活的影响。

随着信息社会的发展，西方发达国家的改造技术也能通过各种渠道进入人们的视线，其改造案例为中国提供了宝贵的经验。

二、旧房改造的目标

1. 增加旧房面积

《住宅设计规范》(GB50096—2011)对各类建筑房间的大小有明确规定,在基本空间构成上除卧室、厨房、卫生间、储藏间外,明确要求每套住宅应设起居室(厅),并相应修订了房间使用面积的最低值。然而,老旧住宅建筑往往存在多室合用、流线交叉的问题,这会给居住者带来很大的困扰,居住体验很差。

2. 优化围护结构的热工性能,美化旧房立面

随着社会的发展,住宅建筑节能日益得到国家各部门的重视,由《民用建筑节能设计标准》(JGJ26—1995),旧房墙体和屋面保温材料、外门窗传导热量要求已经远远达不到现行国家规定的节能标准。可以在外墙加做一层外保温,其上做新的外饰面并更新外门窗,住宅和整个住区面貌将焕然一新。

3. 优化旧房管网设施

20世纪80年代修建的住宅建筑受当时社会发展条件的限制,以及城市规划的不可预见性的影响,大部分住宅建筑的排水管网设施设计理念落后。管径小、线路不合理等原因,导致既有管网与城市规划管网衔接不恰当,部分居住区下水道经常发生堵塞,严重影响了居住区人民的日常生活。

三、旧房改造设计

旧房改造设计包括以下方面。

1. 增加旧房面积

增加旧房的面积,有并户和贴建两大类。

对于面积较小的户型,可以通过并户扩大套内使用面积,增加舒适度。但这种方案只能在一梯三户及以上的户型方案中实施,而且合并户数就意味着有迁出户,会存在房屋产权的变更及迁出户的安置补偿问题,实施起来较为困难。

贴建是指在满足消防要求及日照标准的前提下,通过贴建阳台等措施,增加套内使用面积。这种方案不涉及产权变更、人员迁出等问题。随着建筑施工技术的发展,贴建部分可采用预制结构,施工速度快,建成后效果好,可以最大限度地减少对人们生活的影响。

2. 旧房节能改造

可以增加墙体外保温板材,并达到消防部门的防火要求;可以在屋面铺设保温材料,还可以把平屋面改成坡屋顶,再作隔热处理;在没有地下室的一层地面建筑外墙增设保温层;更换节能隔音隔热门窗;设置中水管网系统等,以达到旧房节能的目的。

3. 旧房防排水改造

屋面防水材料设计使用年限为15年,因而防水材料应定期更换,设置防水保护层,增设屋面雨水管等措施。针对墙面透水现象可以增加外防水砂浆;针对门窗洞口漏水现象可以增加外防水节点。旧房内部管线改造更新,周边环境基础设施供水、排污、雨水、热力、蒸汽管、电气管路老化更新、管沟改造均可以延长住宅寿命。

在对旧房改造的过程中,可以综合考虑与周边环境的协调,通过采用新型的建筑材料,改善建筑立面,从而提升城市整体形象。

四、旧房原有装修存在的问题及原因

旧房原有装修由于所处的年代不同、房屋用途不同等因素，致使旧房使用过程中会出现很多问题。对于设计师和居住者来说，在旧房改造装修中，熟悉房屋原装修遗留的问题及其原因，对房屋的再装修具有重要的指导意义。

第一，旧房原装修空间布局不合理。很多旧房原装修空间在使用过程中很不方便，原因是其空间规划不合理。常见的问题有两大类：一类是房屋建设早，装修年代长，其空间规划不合理。例如，一套房子很大，内部空间规划不合理，客厅很小、很暗，厨房很大，这样就主次颠倒，空间没有得到合理利用。另一类是房屋空间在前后不同时间内所扮演的角色不同，发挥的功用不同，划分要求也不一样，若不重新划分空间，则在使用过程中会带来一些不便。例如，一个商业空间原来是银行，其房屋空间有取号等候区、接待区、现金交易柜台、ATM 区等空间划分。若此商铺后来改为餐厅，则需要的空间有收银区、开放餐区、包间、厨房、储藏间等。由此可以看出，原装修空间与后来的空间需求是不符的，若不重新装修划分空间，则后者在使用过程中肯定会有诸多不便。

第二，旧房原装修材料出现质量问题。旧房原装修材料在房屋使用过程中会出现质量问题，比如涂料变色或者脱落，金属构件生锈、变形、断裂，门窗变形，地板变色、变形、开裂、虫蛀，墙纸空鼓、脱落、发霉、有异味，吊顶变形，卫浴间瓷砖掉落，地面漏水等诸多问题。旧房装修材料出现质量问题一般有三种原因：第一种是房屋原装修在施工过程中施工不当，造成材料质量达不到理想效果；第二种是房屋在装修过程中所使用材料本身存在质量问题，当然就达不到预期的质量要求；第三种是房屋原装修年代久远，材料使用寿命到期，需要更换新材料。针对这些材料质量问题，设计师和居住者必须在重新装修之前详细了解，才能有的放矢地对房屋进行再次装修，保证装修的质量。

第三，旧房原装修风格不适合当下的消费需求。房屋的装修风格与房子装修所处的年代、房子的用途有密切关系。房屋若装修早，比如 7～10 年，或者 10 年以上，其装修风格就过于陈旧，与当代的精神追求极其不符，影响生活氛围。例如，很多城市中心的老房子都是几十年前建造的，甚至都是居住者自己建造的，当时中国的住宅空间设计水平都不高，其住宅空间的装修更谈不上装修风格。现在我国城市的住宅空间设计风格发展得非常成熟，有田园风格、欧式风格、日式风格、中式风格、现代简约风格等可供消费者选择，而且设计师的水平都非常专业，这在很大程度上推动了旧房原有装修的改造和重新设计。

另外，房屋若用途不同则其装修风格要求也不同，否则会影响房屋的使用。例如，房屋原来是卖儿童衣服的服装专卖店，后来是卖成年人服装的专卖店，若房屋的装修风格不改变，会影响消费者对此店的印象，成人衣服销售就不会很好。

这些都是旧房原来装修中普遍存在的问题，在日常生活、商业活动中严重影响人们生活的舒适性。在当今这个以消费为主导、追求生活质量的社会，解决这些问题是迫在眉睫的事情。这就需要住宅空间设计师和居住者提高对旧房改造装修的意识，共同创造健康、和谐、舒适的生活空间。

五、旧房改造装修应遵循的原则

中国房地产业的繁荣发展，为中国的室内装修行业带来了生机。在激烈的竞争中，中国住宅空间设计行业逐渐成熟，但仍有一些公司装修实力达不到标准，比如设计师水平低，装修队伍素质差，在装修过程中偷工减料、用不良材料等，严重干扰了装修市场，误导了消费者，影响了生活空间的环境质量。再加上旧房原有装修存在的诸多问题，旧房改造装修就成为消费者的大难题。为了更好地消除房屋改造装修中的困扰，设计师在旧房改造装修中应遵循以下原则：

第一，低碳、无污染、可持续发展。社会工业化发展为人们的生活环境带来了一些不好的方面，在室内装修行业中表现为过度装修，浪费材料，装修材料中有害化学物质严重超标，严重危害人们的身体健康，例如大品牌多乐士漆出现质量问题、万科精装修房屋的地板出现质量问题等。

室内装修行业暴露出来的问题严重挑战消费者的信任极限。因此，在旧房改造装修中，设计师在设计方案、推荐材料的时候，要尽可能节约材料；商家在提供装修材料中要提供绿色、环保、无污染的良好材料，消费者可以合理采用原装修中的材料，循环利用材料，节约经济成本。设计师要尽一切可能使"回归自然、保护环境、节约资源、健康生活"等可持续发展思想在室内装修中予以体现。

第二，艺术化。随着人们审美意识的提高，艺术不再是只存在于高雅殿堂中的奢侈品，普通生活环境的一角一样可以成为艺术创作的天地。旧房的改造装修更要重视设计的艺术性，否则，装修的效果就大打折扣了。例如，著名的北京798艺术街区，那些艺术空间原建筑物都是由一些老厂房改造设计而成的，连一些大型排烟排水管道都成为装修后别具风格的风景。因此，设计师的设计水平要在满足消费者需求的前提下充分地展示出来，从大的商业环境到小的生活空间，对空间、色彩及虚实关系等都需进行系统的设计，甚至还可兼容室外环境，把旧房改造成可使用的生活艺术品。

第三，科技化。现代社会科技融入生活，室内的电子科技产品随处可见，例如多媒体、网络、有线电视、电话、电子门禁、监控器、感烟器、空调、洗衣机、微波炉、洗碗机等。这些先进的电子产品都是为了提供安全、方便、快捷、舒适的办公或者生活环境。但是，在旧房原装修中有的根本没设置相应功能的空间，或者设置了空间，其位置却与现有的需求不匹配，这就需要旧房改造装修的设计师要深入研究旧房原装修中的问题，尽可能为室内科技产品提供合理的空间和位置，使科技产品和生活达到完美匹配，为消费者创造高品质的生活环境。

第四，本土化。本土文化体现着世界各地的不同韵味和精神风貌，本土化在室内装修方面的应用是最适合本地人们的生活精神面貌的，心理感受也是最舒适的。但是，当今中国住宅空间设计文化和手法的表现正趋同化，各地区的民族特色正在消失。例如，大的上海老街、小的开封老街，在现代老房改造翻修中千篇一律，看不到各地的风俗文化，人们体会不到民俗风情。这样就给消费者的生活带来了不好的影响，影响了中国装修行业的发展，也严重阻碍了本土文化的生存和发展。因此，在旧房改造装修过程中，设计师既要考虑原装修风格中可保留的文化价值，也要考虑新生本土文化的存留空间，不能普遍照搬装饰手法。总之，要促使住宅空间设计本土化发展，保证人们生活环境的多样化需求。

第五，个性化。在勇于表现自我的今天，人们为标榜独特的个性和鲜明的特色，除了在行为上要与众不同外，在住宅空间环境设计中也往往采用一些奇特的手法和形式来追求时尚，彰显各自的特色。例如，最常见的肯德基店和麦当劳店，虽然其卖的食品极其相似，但是其店内的装修风格大不相同，肯德基店里是橘黄色为主的色调背景，氛围活泼轻松，可以大声喧哗；麦当劳店的色调就偏冷或者灰色调，氛围沉稳静谧，可以静心办公。再如，现代的新售楼房项目推出很多精装修套房，其室内装修几乎都是一样的，所以，在旧房改造装修时，设计师要充分了解消费者的使用需求情况，设计出突出居住者个性的生活或商业空间，创造丰富多彩的生活环境。

旧房改造装修中需要注意的事项很多，这就需要设计师和居住者耐心地分析旧房的特性，掌握现有装修市场的装修水平，把握良好的设计理念，共同打造良好的空间环境。

六、旧房改造装修应注重的表现手法

房屋装修的好坏与人们生活或者工作息息相关。房屋装修的空间布置能否充分发挥其功用，装修设计的形式效果是否美观，装修的设计品位是否具有精神、文化内涵，这些方面的因素对装修的整体效果和质量都有影响。又因为旧房原装修存在许多问题，再装修就是要彻底提升房屋空间的使用功能和装修水平，所以，设计师和居住者需要对这些装修的要素充分思量考虑，以便房屋空间的使用功能与形式美感、文化内涵实现完美统一。

1. 充分挖掘旧房改造装修空间的使用功能

旧房改造装修最基本的目的就是要充分发挥其空间的使用功能，让居住者使用顺心，享用舒心。因此，旧房改造装修只有合理划分其空间布置，才能对人们的行为活动产生积极的影响。

根据行为学研究，人们在室内的活动具有特定的行为模式。人的行为是受需求和环境因素影响的，美国著名心理学家库尔特·列文认为，人的行为具有目标性，要满足心理需求，行为对需求作出相应反应，行为受外界环境的影响，环境、心理、行为相互作用促使环境逐渐改变。他把行为模式从内容上划分为秩序模式、流动模式、分布模式和状态模式。这些行为活动模式是住宅空间设计空间划分的重要依据。

秩序模式和分布模式决定了空间平面布局的合理安排。要以人们的基本生理需求来合理地划分空间。例如，居住空间，按私密等级从低到高的秩序模式是玄关（门厅）→餐厅→客厅→书房→卧室。卫浴间与卧室是最私密的空间，但其位置分布不同，卧室一般都设置在居住空间的尽端，卫浴间兼有较强的公用功能性，则处在交通便利处。由于人们的心理作用影响着人们的行为活动，流动模式和状态模式影响着空间形态的设定。例如，服装专卖店通道走向的设置，引导消费者能顺利地看到每一类商品。另外，住宅不是固守不出的避难所，而是与自然、社会舒缓相连的。例如，巴黎、伦敦、东京这三个城市的住宅，环境不同、大小不同。还有同一个人居住的房子，其陈设并不是一成不变的，而是经常改动的，但是唯一不变的是"家"的感觉。

2. 充分展现旧房改造装修的形式美感

住宅空间环境美感对人的情感影响较大，舒适的环境氛围使人产生积极正面的心理状态，其氛围的营造需要室内物理因素等多方面的协调设计才能达到，如灯光、色彩、材质、陈设、绿化等。旧房改造装修过程中对装修的手法、形式要特别注意，否则会出现美观上的瑕疵。

室内光照有天然采光和人工照明两种。光能满足人们日常的照明需求，光影氛围能起到营造室内环境气氛和性格的作用。例如，在旧房改造装修过程中，某些客厅和餐厅里会有一些小灯，晚上点亮这些小灯，马上就会有不一样的感觉，在施工过程当中这些小灯可不改变。

光色相互辉映构成美的画面，室内色彩整体环境除了考虑墙面的背景颜色之外，还要注重地面、家具、软织物、绿化等色彩的合理搭配，才能使人在视觉上感到舒适。例如，无印良品二手房打造的杉本府，其中一面墙花费好几年时间才涂完，就像一块油画布，上面交错着不同的颜色和淡淡的光影，共同描绘出一幅抽象画。它的千变万化，让人忘却了时间。

住宅空间设计中材质的选择也非常重要。不同功能空间的材料不仅要满足使用功能，还要满足审美需求。绿化和陈设品都可以营造轻松、温馨的室内环境，有效协调建筑物本身和活动环境的关系，改善室内环境氛围。

3. 旧房改造装修要充分凝聚特色文化内涵

房屋装修的效果，其最高层次就是人们在使用的过程中，感受其环境的情感舒适度，品味其中的特色文化内涵，从本质上提升人们的生活品质。旧房改造装修的本质也是一样的。

房屋装修包括硬装和软装两大方面。这两大方面合理搭配才能创造一个舒适的环境。为了改造旧房原有的不好气质，强化新的空间文化情感追求，设计师和居住者必须对硬装和软装所包含的各要素，例如地板、墙面的颜色、家具、织物、浴室、光、庭院等细细打造，斟酌出精神品质。如庭院，问题不在于有没有一方土地，而在于居住者的心情是否与自然相通。就算在玻璃杯里插一朵花放在厨房里，也算是庭院的一景，也可以让人们感受到户外的光线、风与水。

在旧房改造装修之前，住宅空间设计师应充分了解房屋的使用功能，了解能实现美的手段，了解居住者的情感定位，才能把好的装修效果呈现给居住者。

七、旧房改造案例

平面布置图如图 5-28 所示。

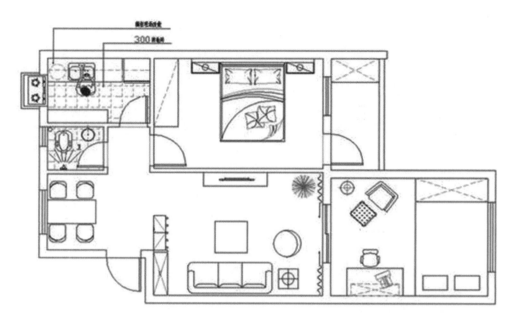

图 5-28　平面布置图

原始平面图如图 5-29 所示。

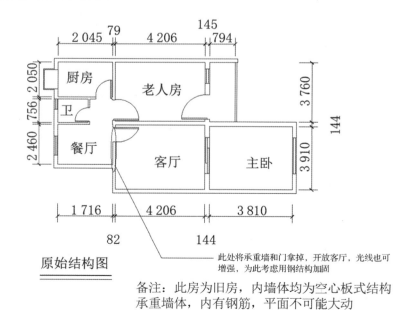

图 5-29　原始平面图

改造前、后的对比方案、对比图如图 5-30～图 5-38 所示。

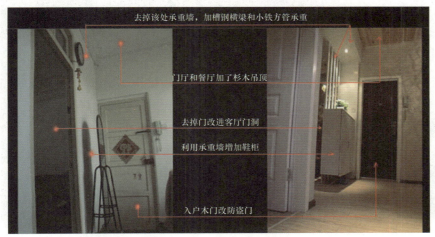

改造前　　　　　　　　　　　　改造后

图 5-30　玄关

改造前　　　　　　　　　　　　改造后

图 5-31　餐厅

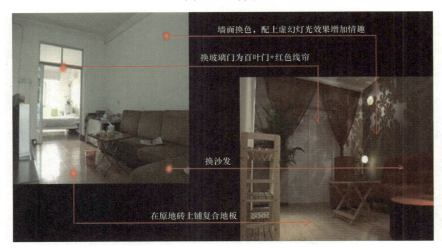

改造前　　　　　　　　　　　　改造后

图 5-32　客厅（一）

134　项目五　住宅空间设计与改造案例

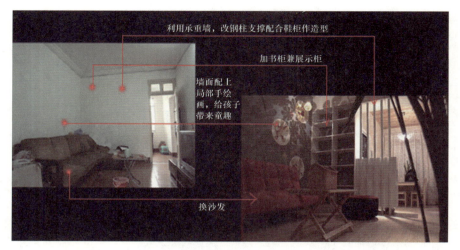

改造前　　　　　　　　　　　　　　　改造后

图 5-33　客厅（二）

改造前　　　　　　　　　　　　　　　改造后

图 5-34　卧室

改造前　　　　　　　　　　　　　　　改造后

图 5-35　卫生间（一）

项目五　住宅空间设计与改造案例　135

改造前　　　　　　　　　　　　　　　改造后

图 5-36　电视背景墙

改造前　　　　　　　　　　　　　　　改造后

图 5-37　卫生间（二）

项目五 住宅空间设计与改造案例

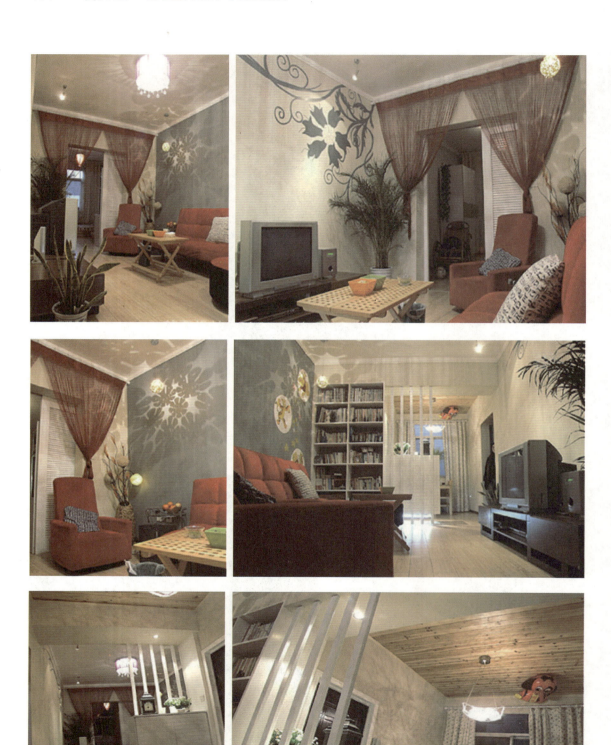

图 5-38 旧房改造后成品图

项目五　住宅空间设计与改造案例　137

任务拓展

根据所给老旧户型的平面改造方案，阐述改造方案的合理性及对改造方案的见解（图5-39）。

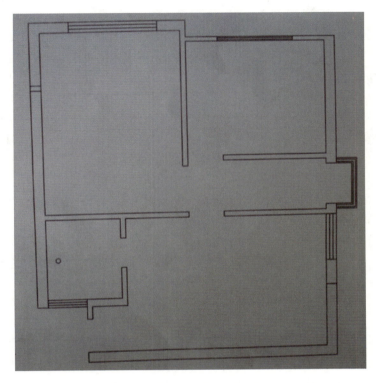

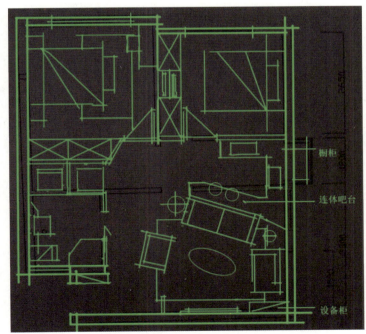

图 5-39　老旧户型平面改造方案

参考文献

[1] 杨淘，王曌一.基于环境心理学的学习空间室内设计［J］.设计，2018（01）：132-133.
[2] 邱海东，符红柳.格式塔意向下的设计创意——以室内设计思维与装饰材料运用为例［J］.设计，2018（01）：139-141.
[3] 陈媛媛.论现代中式风格室内设计中漆艺的运用［J］.山西建筑，2018（01）：213-214.
[4] 高翌崴.对新中式的研究与新中式在室内设计中的应用［J］.建材与装饰，2018（01）：96-97.
[5] 王佩.浅析室内设计中的绿色环保设计［J］.建材与装饰，2018（01）：113.
[6] 刘青蓝.试论建筑室内设计中灯光与色彩的搭配运用［J］.建材与装饰，2018（01）：115.
[7] 凌燕芳.绿色生态设计理念在室内设计中的应用研究［J］.绿色环保建材，2018（01）：77.
[8] 沈加萍.建筑室内装饰装修设计中的绿色环保设计［J］.绿色环保建材，2018（01）：79.
[9] 郑婷婷.论软装饰在室内设计中的重要性［J］.戏剧之家，2018（01）：118-119.
[10] 陈龙.探究室内设计中光环境的设计［J］.环境与发展，2017（10）：222-223.
[11] 周本立，胡文华.室内环境监测一体机系统的设计及实践［J］.科技与创新，2018（02）：131-132.
[12] 张宝旺.适于幼儿身心发展的幼儿园室内环境设计［J］.工业设计，2017（12）：81-82.
[13] 姚徐臻.探究室内设计中空间形象的"实"与"虚"［J］.工业设计，2017（12）：83-84.
[14] 晁欢.低碳设计在室内艺术设计中的融入［J/OL］.当代教育实践与教学研究：1-3.
[15] 王传霞，郝孝华.基于APICloud的室内装潢虚拟设计方法研究［J/OL］.现代电子技术，2018（02）：137-140.
[16] 李微微，沈冰.基于虚拟现实在室内软装饰设计中的合理运用［J/OL］.现代电子技术，2018（02）：148-151.
[17] 董秋敏，孙凰耀，刘芳.室内景观设计中的视觉感官建模［J/OL］.现代电子技术，2018（02）：159-162.
[18] 席静.基于三维视觉的小型室内空间合理设计［J/OL］.现代电子技术，2018（03）：46-49.
[19] 颜永春.对室内设计中的软装饰的探讨［J］.绿色环保建材，2017（12）：63.
[20] 方正.微探高职院校建筑室内设计专业分层教学方法［J］.绿色环保建材，2017（12）：59.
[21] 金颖平，林丰春.住宅空间设计［M］.2版.南京：南京大学出版社，2015.
[22] 俞文斌，刘帅.住宅空间设计［M］.哈尔滨：哈尔滨工程大学出版社，2016.
[23] 吕静，周雷.住宅空间设计［M］.2版.南京：南京大学出版社，2015.